ぼくの
鳥の巣コレクション

鈴木まもる

岩崎書店

―目次―

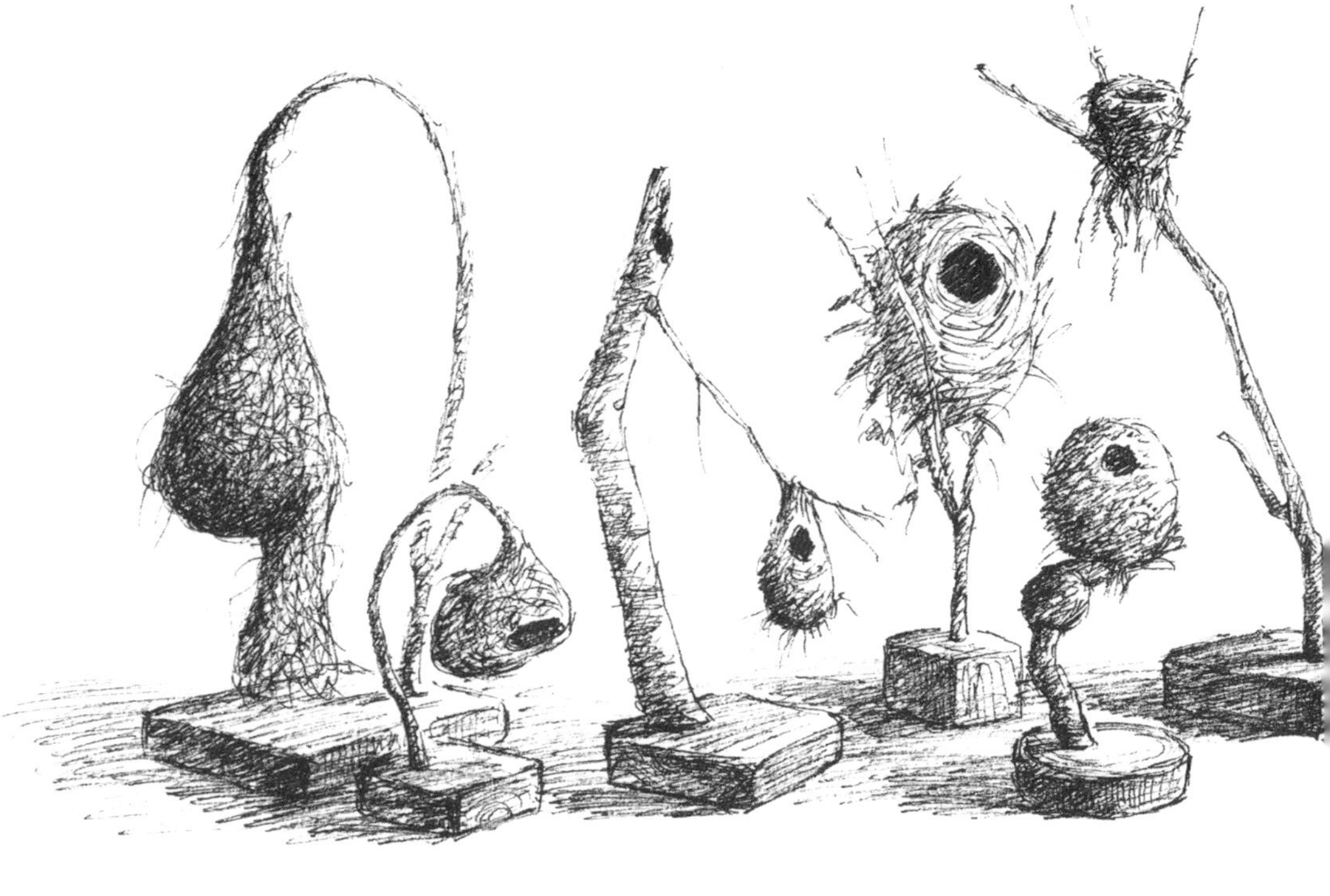

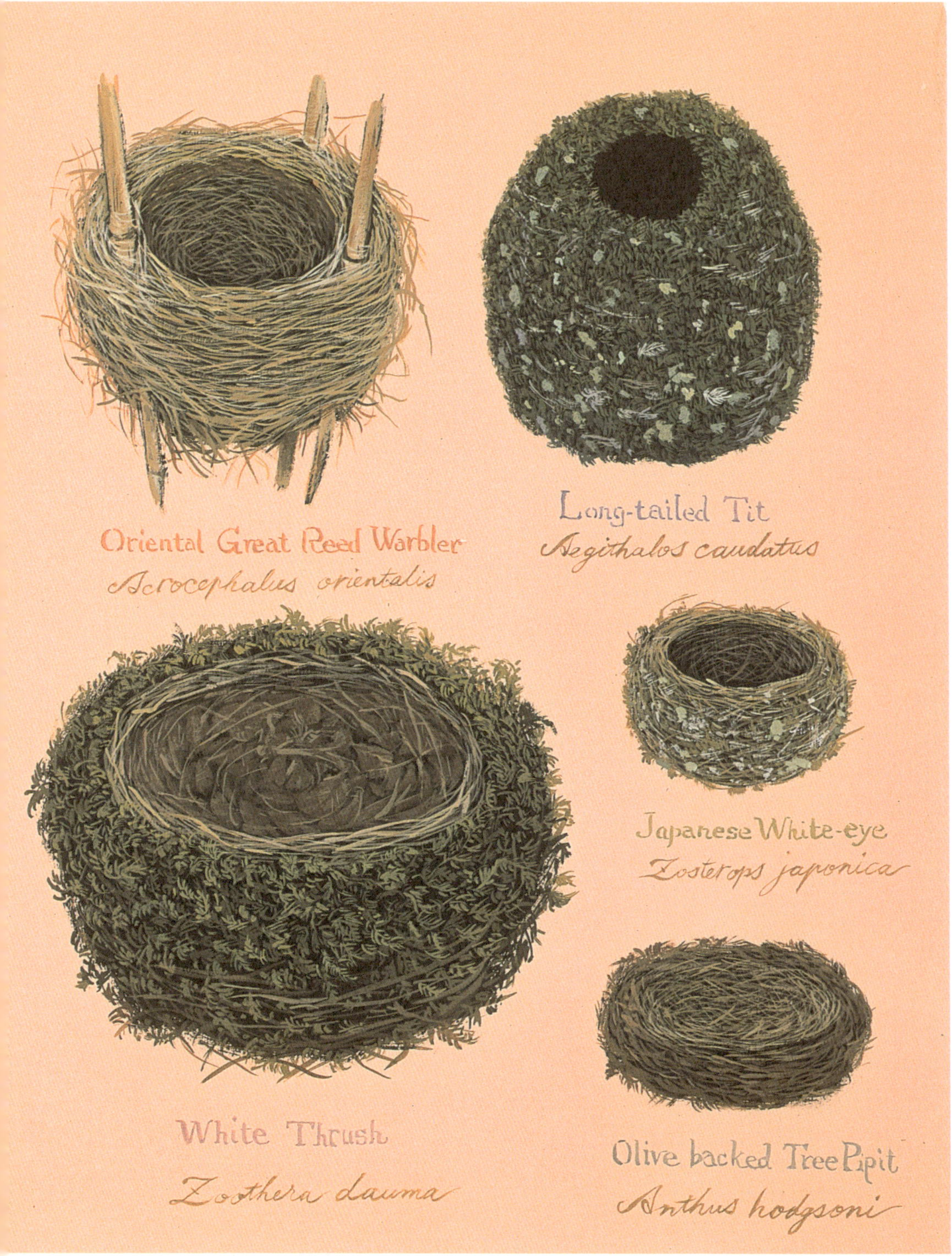

オオヨシキリ　エナガ　メジロ　トラツグミ　ビンズイ

日本の鳥の巣

カワラヒワ

セッカ

ウグイス

キクイタダキ

鳥の巣との出会い

山の中で暮らしている。

樹が好きなので、家のまわりで春になると樹を植えたり、夏は下草を刈ったり、秋はからんだツルを切ったり、冬は枝を剪定《せんてい》したりしている。そんな野良仕事をしていると、使い終わった古い鳥の巣を見つけることがある。鳥がこんな所で、こんな小さな巣の中で卵をかえし雛《ひな》が巣立っていったのか、とうれしくなる。縁側から三メートルも離れていない庭木の枝にあったり、いつも犬の散歩で通っている道ぞいのやぶの中で見つけた巣もある。見つけるたびに、「こんな所にいたのなら教えてくれれば良いのに」と残念なような、「こんな近くに巣を作ってくれたんだ」とうれしいような気持ちになる。

鳥の巣というと、鳥が一年中そこで暮らしていると思っている人もいるかと思うが、そうではない。春に卵を産み、雛がかえり巣立つまでの二か月ほどの間で、その後はもう使わない。鳥の巣は、卵を体温で温めて早く安全に孵化《ふか》させ、雛を外敵から守るためだけのものだ。巣立ったあと、夜はどこで寝るかというと、枝などにとまって眠る。寝たら落っこちるじゃないかと心配する人もいるかと思うが、足の筋肉が自然に枝をつかんで離さないようになっているから大丈夫なのだ。

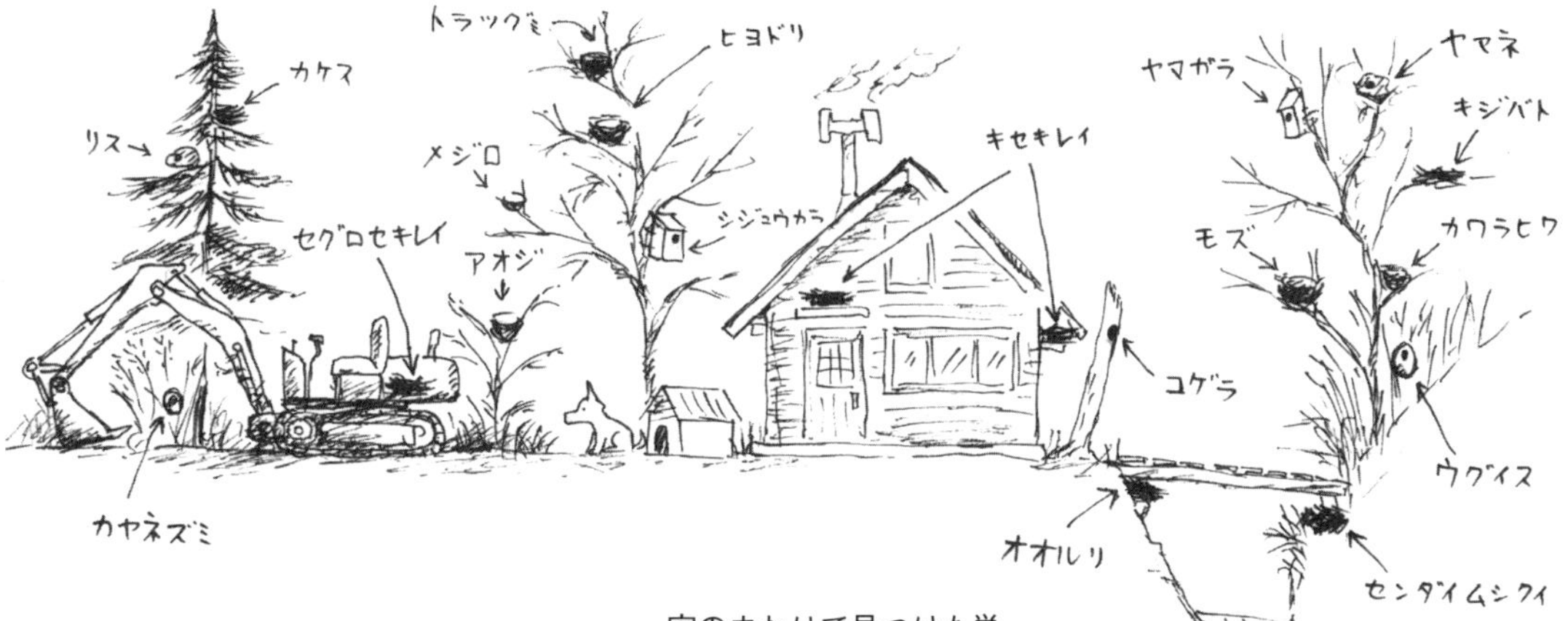

家のまわりで見つけた巣

鳥によって、一年に数回卵を産む場合も、その都度あらたに巣を作る。たいていの巣の材料は枯れ葉、根、コケなどの軽い植物なので雨や風で傷んでしまい、何度も使うには危険なのだろう。だからワシなど大型の鳥で巣に太い枝を使う鳥や、ツバメなど泥で巣を作る鳥は、その巣が翌年まで残っていれば再度使う。しかしその場合でも、産座（卵を産むくぼみ）などにはあらたに巣材を足して使っているようだ。

春のある日、鳥は誰にも教わらず巣作りを始める。木の枝先に作る鳥、地面に作る鳥、水の上に浮く巣を作る鳥もいる。外国には砂漠のサボテンに作る鳥だっている。場所もいろいろだが形だっていろいろだ。ワシのように大きな座ぶとんのようなものから、お椀型、コップ型、お皿型、球体、穴の中、石を集めたもの等々。

なぜ鳥によって形が違うのだろうか。ＤＮＡだかなんだか生まれつきそうなるように情報が入力されているからなのだが、も少しわかりやすくいうと、人間のように「こういう形を作ろう」と思うのではなく「こうしたほうが安心で気持ちいい」という鳥の心の状態に左右されるようだ。外国の鳥の本では、disturbance（不安）の度合いによって左右される、とある。産卵する時に、まったく何もないより、何かを自分のまわりに集めることで外の世界から身を守れるという安心感が増すのだろう。小石を集めれば気がすむ鳥、葉や茎で卵がスッポリ入る器を作らないと安心しない鳥、もっと集めて球体に

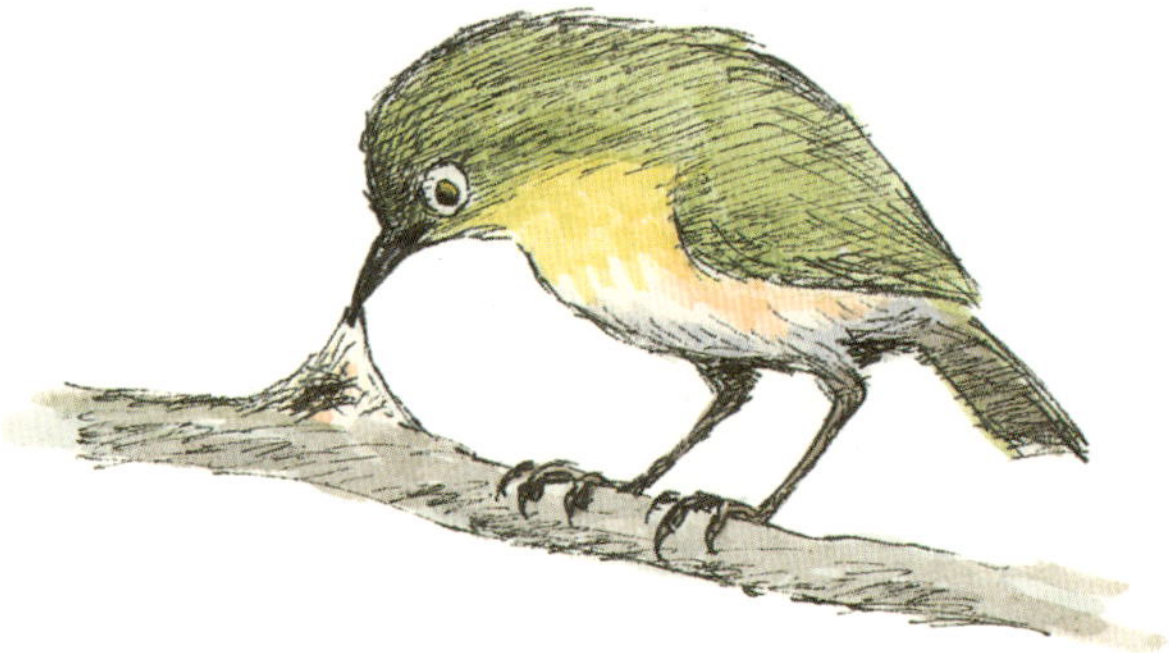

クモの糸を使うメジロ

してもぐりこまないと不安な鳥、樹のうろなど穴の中でないと気のすまない鳥など、安心感の尺度の違いが巣の形態の違いになっているようだ。（以前飼っていた猫も、ぼくのふとんの中で添い寝してあげないと子供を産まなかった。）要するに自分自身を一番感じる状態、アイデンティティーの確認なのだろう。

巣の材料も、ススキの葉を使う鳥、川ゴケを使う鳥、クモの糸やガの繭《まゆ》の糸を使う鳥もいる。親から教わるわけでもなく説明書があるわけでもない。小さな鳥の頭のどこに「ススキの葉を球体にするやり方」とか「クモの糸は接着剤に使える」という事が入っているのだろう。まさか飛んでいてクモの巣にひっかかり「ベタベタしていやだなあ。でもこれは巣を作る時使えるぞ」と思ったわけではないだろう。

同じクモの糸でも、メジロのように接着剤的に使う鳥もいれば、セッカのように葉と葉を縫《ぬ》うために使うという鳥もいる。裁縫《さいほう》の針と糸よろしく、葉と葉をくちばしで糸をくわえ縫っていく、しかも表側には縫い目が出ないようにする、というから驚きだ。それぞれの鳥の中に鳥の生態に合った巣の場所、作り方、材料を選択する能力がインプットされているのだ。たいしたものだ。

ひるがえって人間にはどんな能力がインプットされているのだろう。誰にも教わらず、何も読まず、いわゆる知識や情報、流行、お金、何もなかった

マミハウチワドリ

セッカ

オオルリ

ウグイス

ら、人間は、いったい何をするのだろう。

小さな鳥の巣を見るたび、自分のやりたい事ってなんだろう、と思う。

鳥の巣を集めることで、同じ鳥の巣でも、鳥の性格や環境の違いで、微妙に形に変化があることを知った。春になって鳥がさえずることや、卵の形態や模様の違い、雛《ひな》の成長や巣立ちも、巣と密接な関係があるようだ。

そんな鳥類学的な見方とは別に、巣の形態としてのおもしろさにひかれている。人間の頭では考えられない造形力を感じるからだ。コケで球体を作ったり、草を編んで壺型《つぼがた》にしたり、といった信じられない形の数々。

なんの鳥の巣かわからなかったり、壊れかけた破片であっても、そこには何かが育ち、巣立っていった痕跡《こんせき》が必然的な形になって残っている。いつも生活しているすぐそばで、自然の営みを感じられるのは、心の奥が温かくなってよいものだ。

世界中の鳥がだれにも教わらず巣作りしている。

人間が作ったこの街とおなじ、この地球のどこかで。

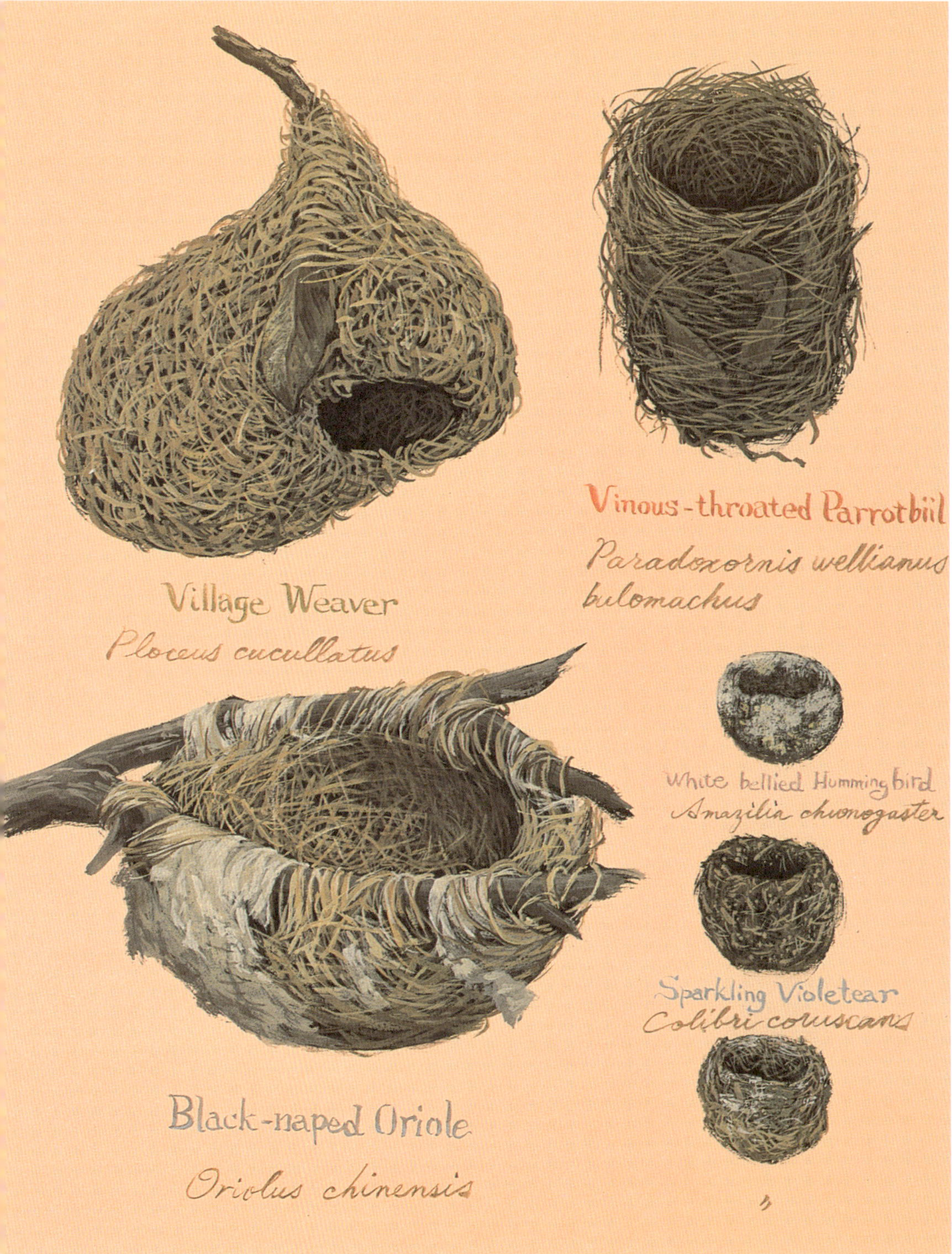

ズグロウロコハタオリドリ

ダルマエナガ

外国の鳥の巣

ハチドリ3種

コウライウグイス

ネズミタイヨウチョウ

ツリスガラ

キムネコウヨウジャク

ウグイスがやぶの中にいるのは、葉の裏の虫を食べるため

ウグイスの巣

ウグイスは我家のあたりでは毎年二月二十一日に鳴き始めることが多い。それより早ければ例年より暖かく、遅ければ寒いということだ。そのころになると「もうそろそろ鳴くか」「今日は鳴くか」とそわそわしてしまう。例年より遅かったりすると、カーソンの『沈黙の春』ではないが農薬でこの付近の鳥が絶滅したのではないか（我家では全然薬は使っていないが）と心配になってしまう。

昨年、うちの猫がウグイスを一羽つかまえたので（毎年セキレイ、メジロ、シジュウカラ等々何羽か犠牲者が出る。主人が鳥を増やそうと努力しているのにおまえらはー、と怒るのだが、猫も自然の摂理《せつり》で生きているので仕方がない。）ひょっとしてあれがこの辺の最後の一羽だったのでは、と飼い主としての責任上悩んだが、猫の気持ちよさそうな寝顔を見るとうやむやになってしまう。（そんなことでは真の野鳥愛好家ではない！　とその道の人から怒られてしまうな、きっと。）結局数日後にウグイスは鳴きだし、美しい声で楽しませてくれホッとしている。

初めてウグイスの巣を見た時には驚いた。家のそばのやぶの中の樹の根元の暗がりにカプセルがちょこんと座っている（？）感じだ。自然の中で葉や

茎が意図的にある形になっている不思議さ。「誰がこんなところに置いといたのだろう」と、森の中でおとぎ話の小人の家にでも遭遇したような気分になった。

ウグイスの場合、一夫多妻で、巣作り子育てはメスだけで、オスは全然手伝わず他のメスを探すという。

最近巷《ちまた》で言われる「父親の育児参加」なんて眼中にないタイプだ。モズなどのように、抱卵中のメスに餌《えさ》を運ぶ求愛給餌《きゅうあいきゅうじ》をする鳥とは雲泥《うんでい》の差だ。巣のそばにヘビが来てメスが鳴いても無視しているという報告があるくらい冷たい（？）鳥なのだ。家族の事なんかかえりみない女性の敵だ。（ずい分きびしいウグイス評だなあ。）

「うちのだんなと同じ……」なんて泣かないでくださいよ、奥さん。いつの世でも外側にだまされる人は多いのだ。これを良い糧として次に新しい人と交際する時は、モズさんのような人と交際することですね。なんて、人生相談みたいになってしまったのでもとへもどろう。

一羽のオスのなわばり内に六、七羽のメスが巣を作り、他にも数羽のメスがいる、というから、人間だと正妻さん、二号さん、三号さん……と七号さんまでいて、さらに軟派までする。なぜかというと、巣の場所が地面から近く（地上二十センチから二メートル位）ヘビや他の動物に襲われやすく、カッコウに托卵《たくらん》されるなどの理由で、巣立ち成功率は三分の一弱と低いため、

Bird
5.1 inch
2.4 inch
1.3 inch
1.5 inch
NEST
Eggs
1.6g
36hours
0.7 inch
3days
mouth
1.2 inch
9days
1.95 inch
13days
2.1 inch
Nestling
1.3 inch
3 inch
4.01 inch
side
arbler's Diagram

ウグイスの巣　設計図

3.8 inch
top
1.8 inch
Nest
4.2 inch
front

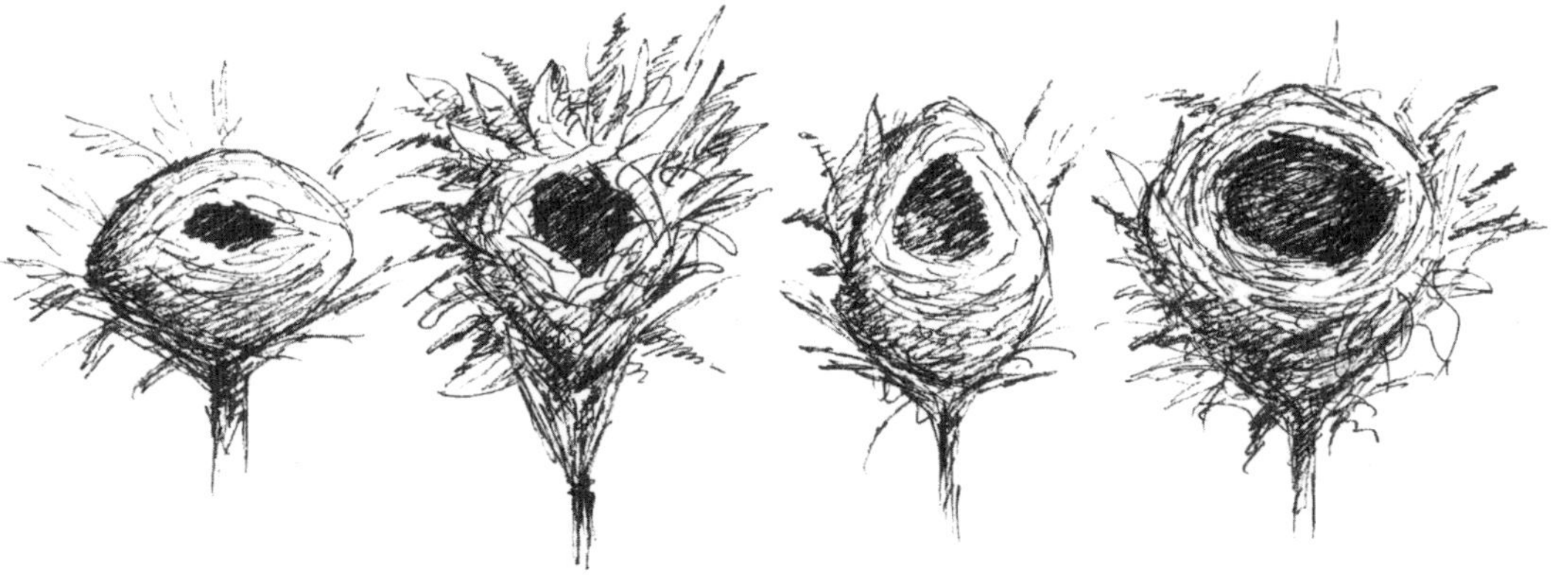

ウグイスの巣いろいろ

子孫を残すためより多くのメスを獲得しなければいけないという、生物としての悲しい定めなのだ。

「よし、おれも生物としての悲しい定めで……」なんて正当化して歓楽街に行こうと思うのはやめましょう。

　別の見方をすると、他の鳥のオスは子育てが忙しくてそんな気にならないのかもしれない。父親が子育てする家は家内安全ということだ。

　入口が大きかったり小さかったりするのは、太ったウグイスややせたウグイスがいるのかと思ったり、屋根部分が半分位しかないものや（オープン式か？）カメの甲羅のようにピッチリしたものもある。北海道のウグイスだと、寒がりなのかエナガ〈→P.20〉のように中に羽毛をいれるのもいる。個体差があり、並べてみると、カプセル住宅のようでとてもかわいい。中で育児書を読んでいたり編み物したり、雨の日なんか物憂げに外を見ていたり、想像するだけで楽しい。

　家に持ち帰りよく見たら、十センチ位のヤマカガシの子供の干物が巣材として使われていたのがある。〈左図、右から2番目〉まさかウグイスとヘビが死闘をくりひろげ、さらしものに、ということはないから、車にでもひかれたのを拾ってきたのだろう。しかし巣も何かに襲われたように少し壊れているところを見ると、やはり子供のかたきと親ヘビがあとから仇討《あだう》ちに……と、ウグイス家とヘビ家との壮絶な闘いの怨念《おんねん》が巣から漂ってくる、という

真っ黒い葉でつつまれている

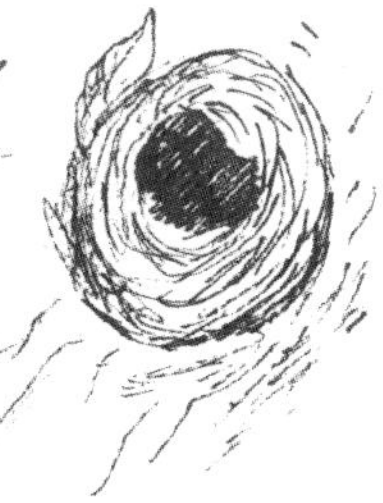

川から流れてきた巣

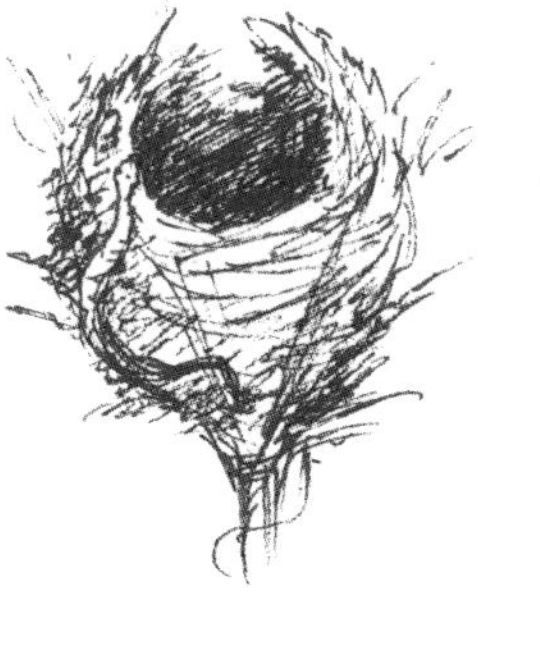

ヘビの干物が使ってある

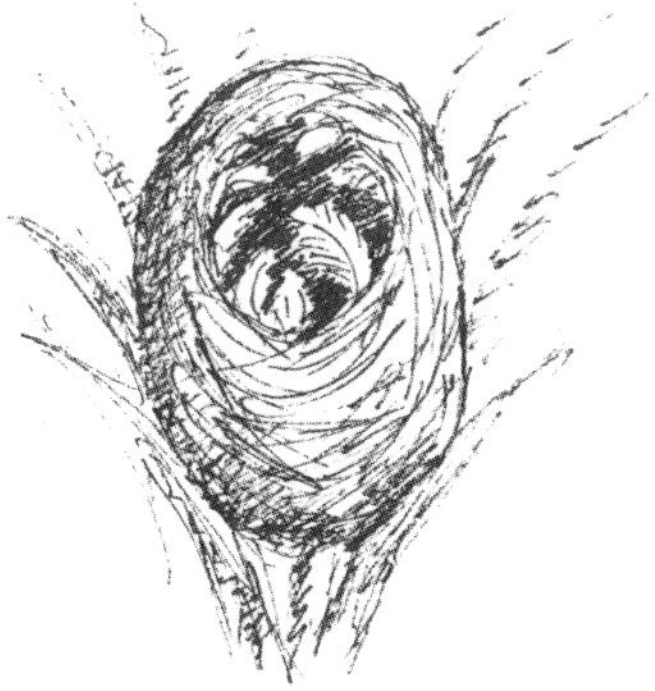

中に羽根を入れている

のは考えすぎで、巣材としてヒモ状で使いやすいから使っただけで、北米のルリイカル〈→P.83〉なぞは、外装の半分くらいがヘビのぬけがらという鳥だが、これもその近辺にヘビが多いだけだ。

変わっているといえば、ある日裏山（婆娑羅山《ばさらやま》）で巣を探していると、とてもとても暗いササ林があった。びっしり密生してはえていて歩くのもままならない程で、迷路のような不気味な空間であった。

ふと見あげると、五メートル位上に何か黒い塊がある。前述したように、ウグイスの巣はそんなに高い所にはない。が、どう見てもウグイスの巣だ。〈上図、左〉採取して驚いた。巣全体に真黒な葉がピッチリ貼りついているではないか。まるでのりまきおにぎりだ。ササの葉でできた球体の外側になんの葉かわからないがうまいこと張りつけてある。こんな不気味な場所でさらにこんなカムフラージュしている、相当変ったウグイスなのか。仙人みたいなウグイスだったり、何か哲学してるとか。ひょっとして悪い臣下たちに裏切られ城を追われたウグイスのお姫様が、ここ婆娑羅山の奥深く逃げ隠れ、復讐《ふくしゅう》の炎を燃えたぎらせ……。ああその姫の胎内には王家の最後の子を身籠《みごも》っているのであった。数年後たくましく成長した王子は旅立っていく。さあ行け、行ってにっくき反逆者どもから城を奪い返し、一族の敵《てき》を討つのじゃー……というウグイスが住んでいた巣。な訳はないだろうけど、真実は神のみぞ知るで、山の中では想像力（ただの妄想《もうそう》か）が飛躍してしまうのだ。

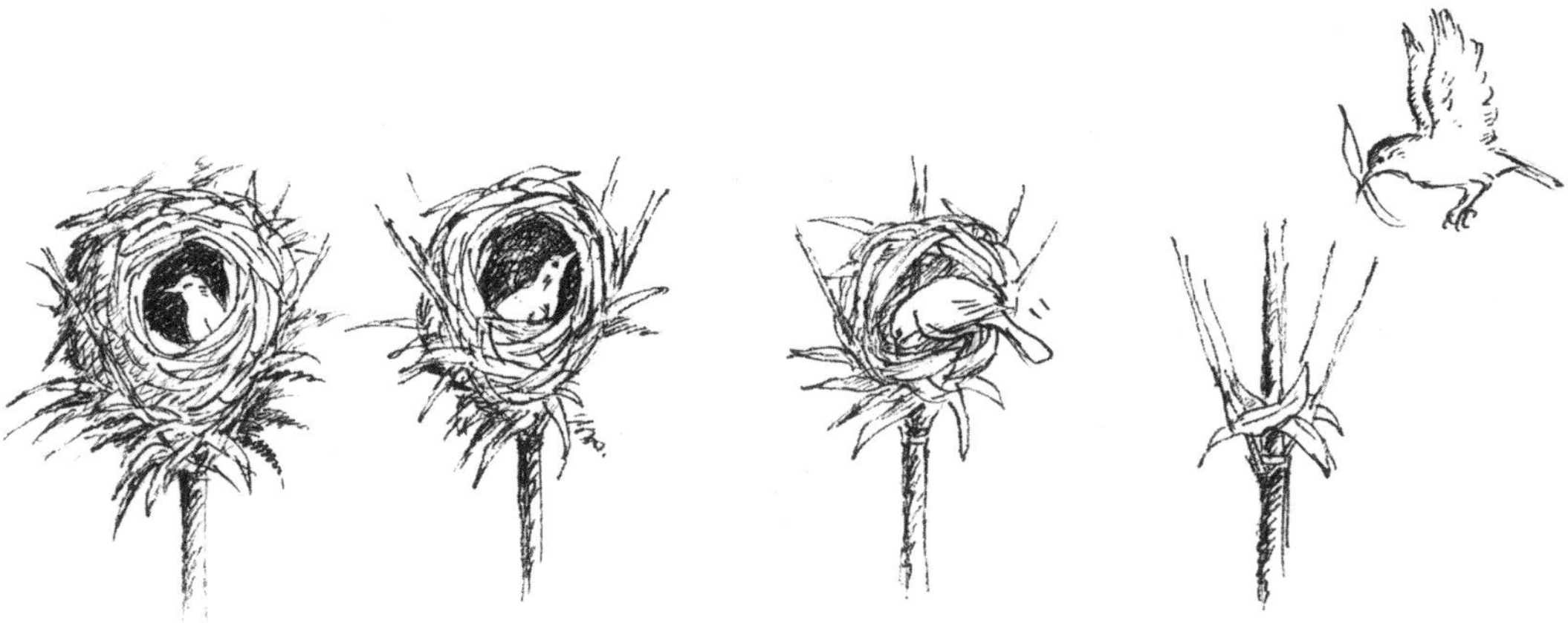

ウグイスの巣ができるまで

これは暗い林だが、明るい林などで逆光につつまれたカプセルのようなウグイスの巣を見つけると、かぐや姫のお話はウグイスの巣からできたのではないかと思ってしまう。（孟宗竹《もうそうちく》の中にヤマガラが巣を作っているのもあり、これも、見つけた時、思わずガッツポーズがでてしまうくらいかわいいものだ。）

そんなお話めいた事を感じてしまうのも、鳥の巣が造形的に良くできているからだ。南米のセアカカマドドリの巣も〈P.34,P.77〉、泥でできたカマクラのような巣だが、現地では「頑丈《がんじょう》な家の作り方を人間達に教えるために神様がカマドドリをおつかわしになった」と言いつたえられているという。

川から桃太郎よろしくドンブラコッコと流れてきた巣を見つけたこともある。落ちてすぐだったのか形もしっかりしていたが、数分遅れていたらバラバラになっていたろう。こういうことがあるから、ついつい巣を求めて山の中をふらふらしてしまうのだ。

さて、その球体の巣をどうやって作るかという事だが、まず、枝の又のような部分に、ササだのススキの葉だのを集めるのだが、途中から、内側にいれていくという感じで。徐々にもぐりこんでいく。そうするとだんだんウグイスの外側に球体ができあがっていくという訳だ。

当初、人間のように外側からのせていくように作っていくと思っていたのだが、そうではなかった。カヤネズミの巣作りも同じだ。カヤネズミは野原などに住み、やはりススキ（カヤ）の葉でウグイスの巣のような球体の巣を作る。で、草刈り中つかまえたのをあいた水槽に入れ、ススキの葉をいれてやった。するとカヤネズミは葉の中にもぐりこみ、中でごちょごちょ動くと、あら不思議、みるみる葉が球形になっていくではないか。ほら、子供がふとんの中にいろいろもちこんで遊んでいる感じ。他の鳥の巣も原理は同じで、鳥が中で回転することで巣は丸くなるわけだ。　一つ一つの球体が微妙に違う他、巣の近所に紅葉する樹があると紅葉がまぶされていたり、誰かが中にドングリを入れたのもある。屋根がなくなっているのは托卵したカッコウの雛がぶちやぶったのかもしれない。かように一つ一ついろいろで、いくらあっても楽しいのだが、いかんせん部屋の中が巣だらけになり、最近ウグイスの巣を探すのは自粛《じしゅく》しているのだ。

カヤネズミの巣

エナガ

※巣の中に断熱材として、1,000枚以上の羽根をいれる。

こわれた巣

鳥の巣のおもしろさについての考察

鳥の巣というと今まで、見つかりにくく壊れやすい、ということで一般の人でその実態を知る人はほとんどいなかったのではないだろうか。

それなのに「鳥の巣」ということばは幼稚園の子供から老人にいたるまで日本中ほとんどの人が知っている。このギャップ！　ウグイスがホーホケキョと鳴くのは知っているが、どんな所でどんな巣を作っているか、を知っている人はほとんどいないのである。

鳥にしてみれば「子孫を残す」ということが第一の目的なので、まず外敵から見つからないことが絶対条件なのだ。そして使用後は、葉や茎などでできているので、雨や風、雪などでバラバラになってしまい、なかなか人の目に触れることはない。せいぜい軒下にツバメが巣を作ってこまる、とか、カラスがハンガーで巣を作ったくらいが、一般の人間の世界と鳥の巣との接点でしかなかったのが実情だろう。

それ以上鳥の巣を知っている人となると、野鳥愛好家とか、もしくは研究している人達が、鳥の生態を知る過程で知っていくという手順だが、その場合やはり興味の対象は鳥本体、卵や雛《ひな》、親鳥のほうで、巣は付属というか、あまり関心の対象にならなかったようである。

悪いカメラマン

たとえば「ある一定区域内に巣はいくつあるか」とか「十年前とでは数がいくつ減ったか」とか「見つかった巣の北限はどこそこである」といったように、鳥本体の研究、繁殖の証拠的な役としての価値だったようである。だから、「巣」ということで研究されることはほとんどなかったようだ。特に日本では、雛を盗る業者や悪質なカメラマンに悪用されるとのことで、巣はことさらタブー視されていたのが実情で、その点は鳥の研究機関である山階《やましな》鳥類研究所の人も「もっと知るべきだ」と言っていた。

で、僕の場合、鳥ももちろん好きだし、鳥の巣での鳥の生活といった生物としてのおもしろさにも充分関心を持っているのだが、それプラス巣の造形性、芸術性といった方向により深い興味を感じてしまったのだ。

山階鳥類研究所など、日本中にわずかだが鳥の巣を保存してある場所に足を運んだが、（東に鳥の巣があると聞けば飛んでいき、西に詳しい人がいれば訪ねていき……。東奔西走《とうほんせいそう》。）前述したように、みんな鳥類学的見地からの保存、収集であるようだ。（勿論これも大事なことだが。）そんな訳で、鳥の巣の持つ真のおもしろさすばらしさを知らずに人間は今までこの世界で生きてきた、といっても過言ではないのだ。（ちょっとオーバーかな……。）

では、鳥の巣の真のおもしろさとはなんぞや、ということで、個々の鳥の巣と平行して話を進めていこうではないか。

サボテンミソサザイの巣

アオジの巣

ホオジロに少し黄色味を足したような鳥。地味だが味わいのある鳥だ。巣のほうは典型的ないわゆる鳥の巣の見本のような巣である。

地上一～二メートルの木の枝の又の部分にあることが多い。いつも犬の散歩で通っている道のキンモクセイの茂みに顔をつっこんだらあったり、同じ道沿いの野バラの中にあったのもある。

野バラもそうだが、ひいらぎとかみかんの木など、棘《とげ》のある木に作ることが多いのは、やはり外敵から少しでも守ろうという本能なのだろうか。アメリカにはサボテンミソサザイといってサボテンのとげとげで外敵から巣を守っている鳥もいるくらいだ。〈上図〉形もユニークでユーモラス。砂漠でこんなの見たら、郵便ポストかと思ってしまうな。

左の絵は巣と鳥のオスとメス、一つの巣の平均的な卵の数、巣の材料、ラテン名と英名を描いたもの。

Materials
Nest
Eggs
♀
♂
Emberiza spodocephala
Black-faced Bunting

アオジ

メジロの巣

メジロは、名の通り目のまわりの白い、大変愛らしい小鳥だ。冬にツバキの花の蜜《みつ》など吸いにチュルチュル鳴いて飛びまわっている。

巣は樹の枝先の二又部分に直径6センチ位のかわいいお椀型《わんがた》の巣を作る。樹はサクラ、ミズキ、モミジ、シイなど、選り好みはしないようだ。ササやアジサイなどに作ったのもいる。

巣の作り方はこうだ。まずクモの卵嚢《らんのう》をとってくる。最初鳥の本などに「クモの糸を使う」とあるので、いわゆるクモが虫をひっかける網状の巣の糸だと思った。あんな細い糸をくわえて飛んでいるのかと驚いたが、そうではなく卵嚢という卵をつつんでいる繭《まゆ》みたいなものだった。綿菓子ではないがたしかにそのほうが量がありベッタリして効率が良さそうだ。枝の二又部分にクモの糸をなすりつけていき、ハンモック状にし、コケや細い茎をくっつけていく。ある程度の量になると、鳥自身が中央部分にいき、体を回転させ、巣材をひきこんだりして、形を整えていき、だんだん丸い形になっていくようだ。くちばしと尾を上げて座り、回転してあごとおしりで押しかため、足をつっぱることで体にピッタリフィットした形になり、かつ卵も産めるスペースもできるようだ。と、書いてしまえばなんのことはないが、実際、小

さな鳥がだれにも教わらずそんなこととしていたとは夢にも知らなかった、たいしたものだ。

我家のまわりは幸い条件が良いのか秋になるとよく巣が見つかる。庭の桜の木や柿の木など毎年いくつも見つける。台風のあと玄関にころがっていたこともある。それにしても小さいから葉の茂っている時は気づかないものだ。冬になって葉が落ちて初めて気づくのだが、「えっ、ここにいたの」と本当に驚いてしまう。

細い枝先の小さなカップの中に四、五羽の雛《ひな》が暮らしていたなんて……。風の日なんて、ユラユラ揺れてよく落ちないものだと、とるときいつも思う。木に登って下なんか見るとクラクラしてしまうが、高所恐怖症だったら鳥なんかやっていられない。

巣の展示会などやると、メジロの巣は、大きさ形から、女性などからかわいいといわれ、人気の高い巣だ。

最近はビニール繊維を使ったものが多いが、やはり美しさ、強さ、安全性では天然の素材にはかなわない。（ビニールは、ヒナの首や足にからまり死んでしまうそうだ。）

北国のメジロで、ガマの穂だけで作った巣があるが、これなんかはホワホワの厚手のセーターのようでとても温かそうだ。

巣とは関係ないが、以前やぶの中で一本の枝に十羽のメジロが並んでいた。

東京のメジロの巣
全部ビニール製ですすけている

二又でない所にも作る

ガマの穂でできたメジロの巣

これが本当の「メジロ押し」で、それはかわいいものだった。メジロ押しなどないと書いてある書籍もあるが、そんなことはない。その人が見てないだけだ。昔からのことわざ、いいつたえをあなどってはいけない。

最近になって、極めつけにすごい、国宝級のメジロの巣を手に入れた。どんなのかというと……。

我家から車で四十分程の所に御用邸《ごようてい》がある。そう、皇室の方々がご静養に来られる場所だ。その御用邸のすぐ横の樹についていたメジロの巣なのです。

どうすごいかって？　わからないかなあ……。

メジロの行動半径からして、この巣から巣立ったメジロは、当然、御用邸の縁側（？）にも飛んでいくわけです。ということは、陛下に「おや、メジロさん、こんにちは」とか、美智子様に「まあ、可愛い」とか言われたメジロなのだ、きっと。皇太子様と雅子様が一緒にお散歩して、桜の樹の下で立ち止まり、ふと見上げた枝にとまっていたメジロ、の可能性大なのである。秋篠宮様は、山階《やましな》鳥類研究所の総裁でもあり、当然、鳥への関心も深いから、おやさしい紀子様がエサ台にミカンなど置いたりして、それを直々にいただいているという幸せ者のメジロなのだ。さらにさらに、このメジロのひいひいおじいちゃんくらいになると、なんと昭和天皇にも「おお、かわゆいメジ

メジロ押し

ロよ」なんて御声をかけられていたのは周知の事実。そんじょそこらのメジロとは育ちが違う、代々、宮内庁《くないちょう》御用達《ごようたし》のようなメジロ一家なわけなのです。恐れ多くて足を向けてなど寝られない、一日三拝してしまう巣なのです。

どうです、国宝級のメジロの巣というだけのことはあるでしょう？

かように、鳥の巣一つ一つに個々の鳥の生活が秘められているわけで、なにげない鳥の巣から、ここまで分析し解釈する。これこそ鳥の巣収集の醍醐味なのであります。

鳥の巣の造形性について

鳥の巣というと、どうしても生物・鳥類学的な部分でしか見られないが、ここでは美術・造形・芸術学的な見地から見てみよう。

まず簡単な例をひこう。

もし、あなたの家で犬を飼っていたとしよう。（もちろん猫だってかまわない。）その犬が犬小屋を作ったらどうだろう。いや、これはあまりに無理な注文だろうから、そこまでいかなくても、木の枝や草を集めて巣を作ったらどうなるか。形は丸いお椀のような形で中央部分に動物の毛や細い茎が使ってあるといった、いわゆる鳥の巣の見本のような簡単な物で構わない。「まあ、うちのワンチャンは、なんておりこうなのかしら！　ねえパパ、テレビ局に電話してお昼のワイドショーに出演させましょう！」と、飼い主は有頂天になることうけあいだ。まして、もっと複雑に木を組み合わせて、屋根のある球体の巣（カササギ）〈上図〉や、ササの葉で球体にしたら（ウグイス）〈上図左〉……。もう町じゅう大パニックで、芸能番組から女性週刊誌と、ひっぱりだこになってしまうだろう。鳥はそれを羽根とくちばしと足と体を使って作ってしまうのです。これはやはりすごいとしか言いようがない。

さらに大事なのは、それが「鳥が作った」「犬が作った」とかの要素を除

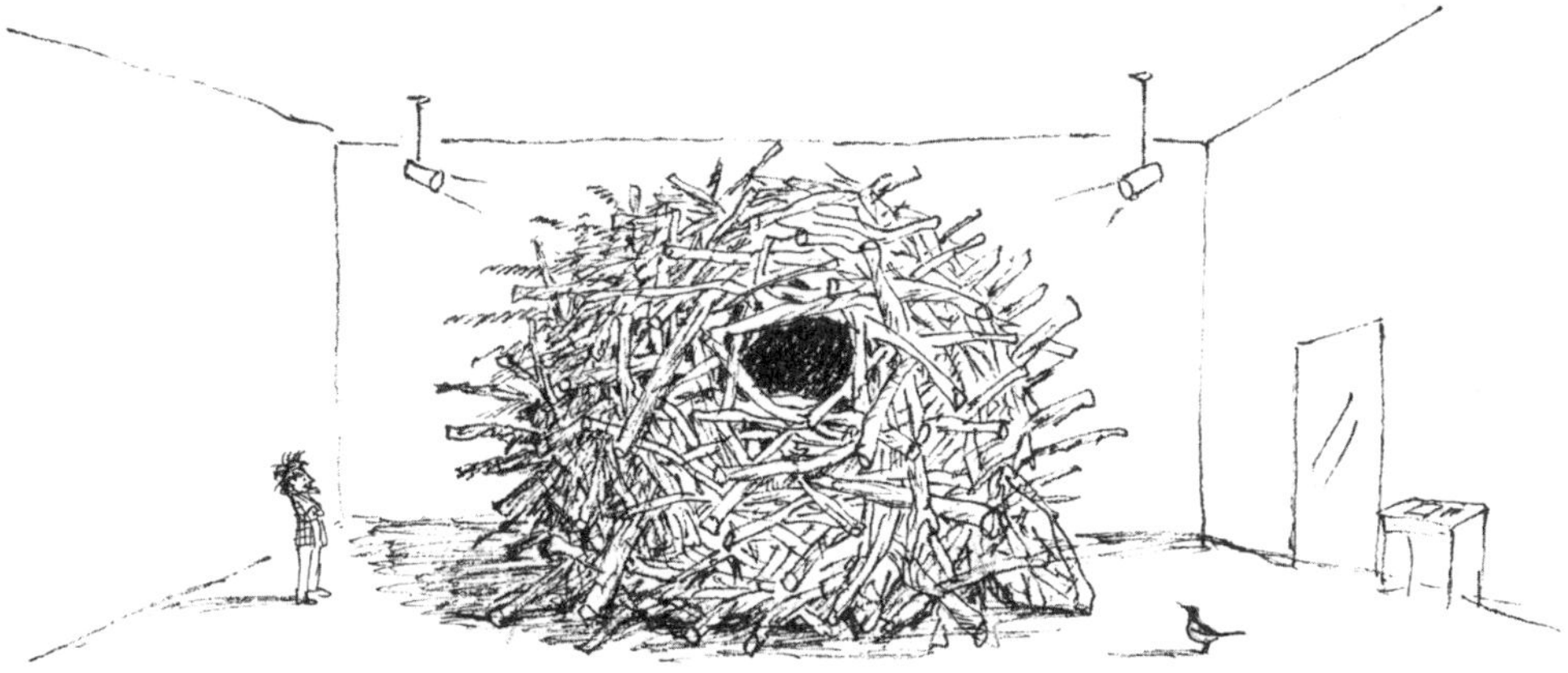

カササギの巣を大きくして画廊に展示したところ

いて、人間の彫刻家や立体作家、工芸家の作った物と比べ、立体として、造形的に勝ることはあっても劣ることはない物だと、僕個人としては思ってしまうのだ。

僕自身、美術を志し、一応ひととおり古典から現代美術までの作品を自分なりに消化し、自分自身の認識をもって言っているつもりだ。もちろん、人間の創造した造形物にもすばらしい物はたくさんある。そのすばらしさと共通の要素が鳥の巣にはたくさん含まれていると思う。逆に言うと、人間の心が（自然の）鳥の心の状態になった時、初めて造形的にすばらしい物が創れるのではないだろうか。

物をつくる動機として、商業的に売れる売れないとか、流行とかで形態を決め、物を排出しているシステムの次元とは動機の根本が違い、「種の保存のため」感じるがまま、体が動いた結果出来あがった「精神の純粋性」という力の強みではなかろうか。

もちろん、鳥の創る物だから、どんな物でも創れるというわけではない。しかし、巣に秘められた力は造形を志す者あるいは現代社会の人間が謙虚に学ぶべき物が含まれていると思うのだ。

たとえば、一番わかりやすいお椀やお皿などの食器を見てみよう。物を入れるということでたいへん似ている。

古く縄文式土器などは細長くのばした土を積み上げ形を作り、縄を巻くこ

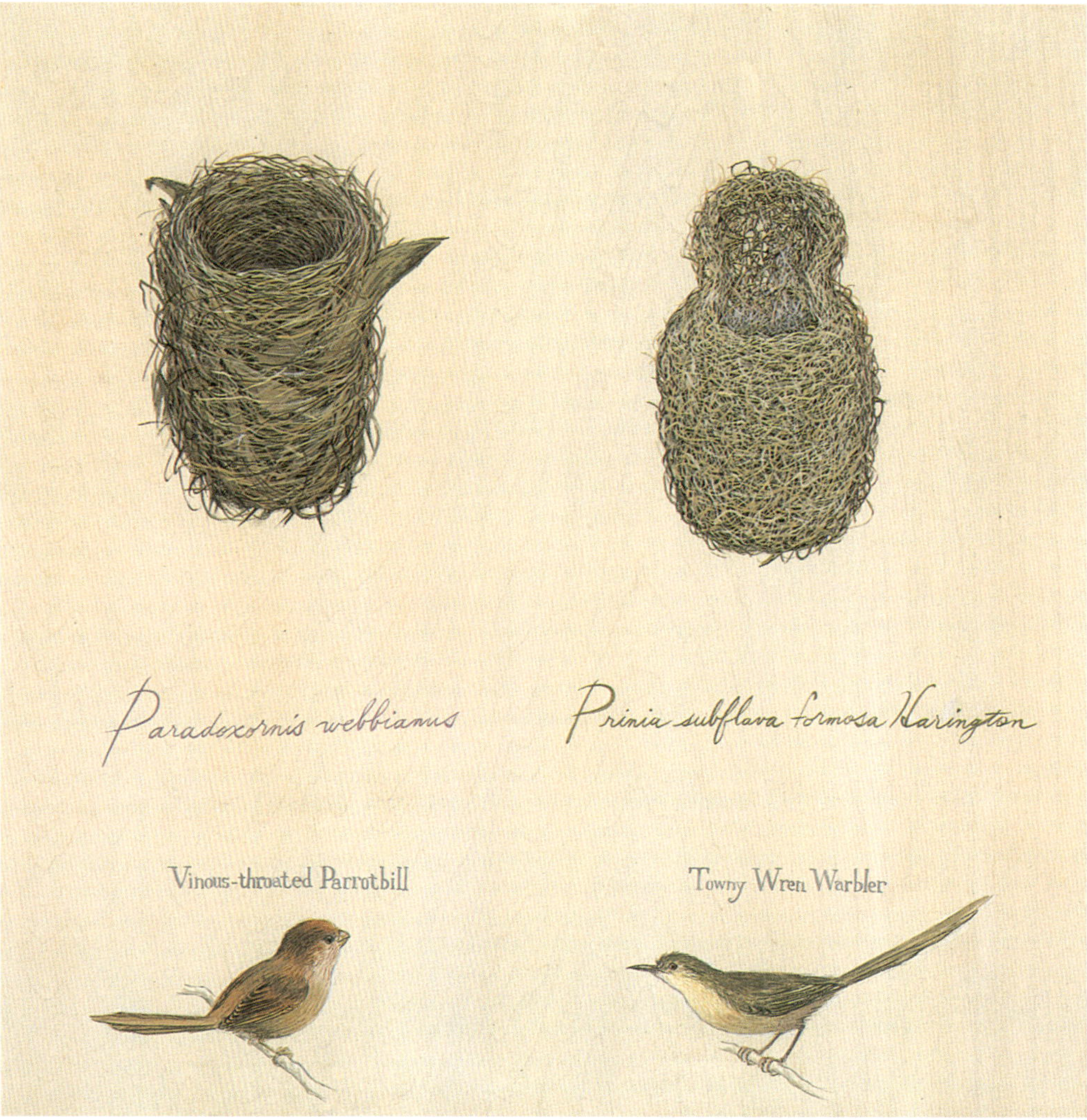

ダルマエナガ　　　　マミハウチワドリ

とで形を整え、なおかつそれが紋様《もよう》になっていった。その後、ろくろが発明され土を回転させることでより美しい円形がいくつも作れるようになり、さらに次の時代では、釉薬《ゆうやく》の開発で植物紋様を描くなど装飾性を高めていったわけだ。

一方、鳥の巣はというと、細い茎、葉など素材を集めるが、ろくろとは逆に鳥のほうが中で回転運動することで丸い形を作っていく。ろくろとは回転する主体が違うが原理は同じだ。縄文式は外から押しつけるが鳥は内側から押しつけていく。人間のように後から植物紋様を描くのではなく、植物がそのまま形になって残っていくわけで、形態が必然的で、故に無駄がなく美しい。そして一つ一つに生命の誕生がかかっているという緊張感と純粋性。要するに、真・善・美が一体となっているのである。すごい。

たくさんの利益を得る（べつに悪いわけではないが）ためにろくろや装飾はあるが、その分いわゆる「仕事」になってしまったり、過剰な装飾の部分ができてしまうことは否めない。

食器などは相関性が見えやすいが、鳥の巣に秘められた芸術性はこんなものではない。続けよう。

工芸から一挙に現代の美術へ飛んでみよう。

32頁右図は、台湾に住むマミハウチワドリの巣である。梨型のかわいい巣である。この材質は細い植物繊維をそれはそれは細かくアトランダムに編ん

セアカカマドドリの巣

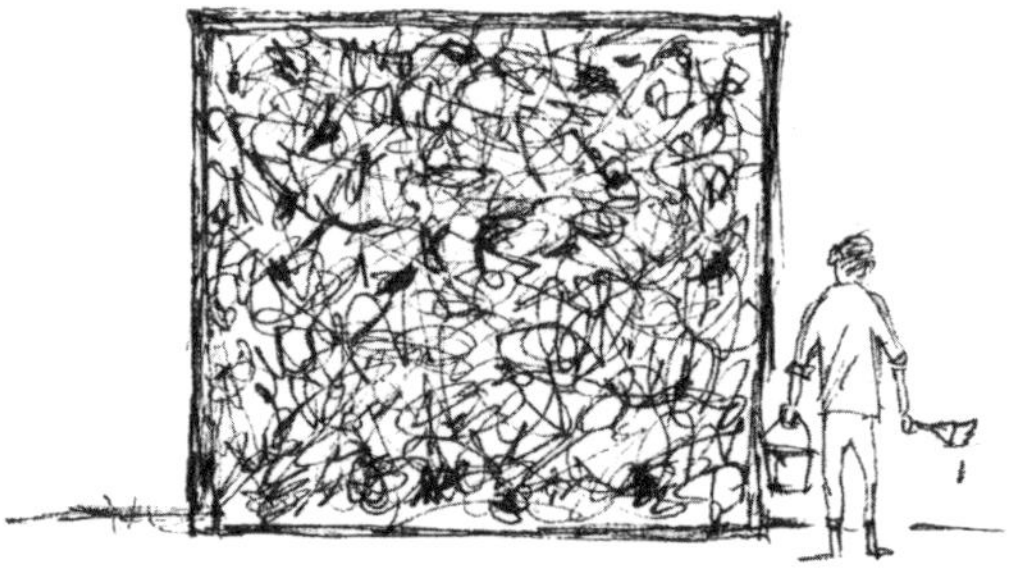

ポロックの作品

である（それでいて全体の形も完成されている）。よーく近づいて見てほしい。そう、ジャクソン・ポロックだ〈上図右。現代美術の巨匠〉。平面と立体の差こそあれ、行為と作品の関係がまったく同じではなかろうか。ポロックが床の上のキャンバスに一心不乱にペインティングしているのと、マミハウチワドリが植物繊維を猛烈《もうれつ》な勢いでくちばしで編みこんでいる姿は、大きさも目的も違うのはわかっているが、根本の行為の部分でなにか共通する欲求なり方向があるのではないだろうか。

南米に住むセアカカマドドリの巣を見てみよう〈上図左〉。農場のサクの柱の上に土で作った巣だ。超現実的シュールリアリスムの世界だ。フラミンゴなども鳥のほうは愛嬌《あいきょう》のある姿で有名だが、巣の方はというと〈左頁〉、これまた超不思議空間というか、インスタレーションだ。外国の鳥でなくても、日本の郊外の川などに住むカワガラスの巣なども川苔だけのかたまりで、銀座などの画廊にポンと置かれていたら超芸術だ。

樹の上に十メートルくらいの巣を作るシャカイハタオリドリ（アフリカには、そんな巣が電柱に並んで作ってあるそうだ）。土で五メートルもある塚を作るツカツクリ。一本の樹に百以上の巣を吊す鳥。正確には巣ではなく、メスを呼び寄せるための建築物だが、青い物ばかり並べてメスを誘う、アオアズマヤドリ、小枝で塔を作り、花、木の実、虫などを並べるカンムリニワシドリ、等々。

大フラミンゴの巣

それらの巣の中に、行動への欲求の原点として、古代遺跡にはじまり、近代彫刻から空間構成、パフォーマンスやらインスタレーション、現代美術にいたる諸々の美術作品のエレメントを見つけることができる、と言ったら言い過ぎだろうか。

時代も派閥も組織も役職もお金も地位も名誉も人脈等々、一切合切《いっさいがっさい》切り捨てた部分での行為の結果としてできた物。それが鳥の巣という、人間にわかりやすい形になって集約されているのではないか、と、個人的に過大評価しているわけなのだ。

一体全体こいつは何を考えているのだ、と思う方もいるだろう。確かに少し飛躍しているかもしれないが、それ程、鳥の巣というのはおもしろくも、美しい物なのだ。僕にとっては。

コケでできているカワガラスの巣を大きくして画廊に展示したところ

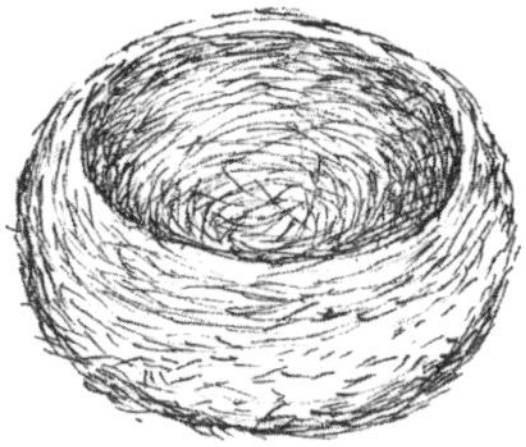

ヒメオーチューの巣

ヒヨドリの巣

ヒヨドリの巣

ヒヨドリは、日本中どこにでもいる鳥で、都会などでも冬にエサ台にミカンをだしておくと、くちばしをさしておいしそうに飲んでいる。ただし、ピーヨピーヨうるさかったり、他の小さな鳥を追っぱらってしまうので、歓迎しない人もいるようだ。うちのような田舎だと、畑の白菜の葉などむしって食べている。

ヒヨドリの巣は、幹部の又にのせるようにして作り、大きさも外径十五センチくらいあるので比較的見つかる巣だ。庭のモミジの木にもあったし、県道の桜並木に一本に一個ずつ四個もあったこともある。下の村の小学校の桜にも毎年同じ樹に作っている。「ああ、今年も元気なんだな」と、うれしくなる。

巣材は、シダの葉やツルが主体で、産座《さんざ》には細い根など使うが、同じ大きさのモズの巣と比較すると、かなり粗めの巣だ。台湾にすむヒメオーチューという黒い鳥は、巣の大きさは同じ位だが、密度というか細かさが全然ちがう。ヒメオーチューの巣は、それはそれは細かく上質の磁器のようだが、ヒヨドリのは縄文式土器のようだ。この辺は鳥の性格の違いだろうか。

よく見つかるといっても葉が落ちたらの話で、雛《ひな》を育てている間はなかな

かわからない。抱卵《ほうらん》はメスがして、オスは近くで見張っている。ときどきオスはメスを呼び出し給餌《きゅうじ》して、メスが巣に戻る時は、オスが先に巣の上を通り過ぎて鳴く。と本には書いてある。安全点検でもしているのだろう。確かに二羽で飛んでいるのを見ていると一羽（少し大きいからオスだろう）のほうがスイッと飛んできて樹の上のほうにとまり鳴くようなケースがある。

「そうかあの辺に巣を作っているんだな……」と夏のあいだにあたりをつけておくのだが、そういうのにかぎって、冬になって探すとなかなか見つからないんだな、これが……。

カラスの巣

ハシボソガラスの巣

「カラスの巣があったから、とりにこないか」

下の町のはずれの別荘に住む、おじいさんから電話があった。

「高くないし登りやすそうだからすぐとれる」と言う。

天気は下り坂、明日は風雨が強くなるとの予報だったので、すぐ出発。

行ってみて、話とちがうことがわかった。道から数メートル上の土手にあるドングリの樹。道からだと、どう見ても二十メートルはあるだろう。

どこが「高くない」だ、どこが「すぐとれる」だ、と心の中で思ったが、相手の親切を無にするのも悪いから言わなかった。

「登りやすそう」というのも、登ってみたらちがった。

予報通り、風も出てきた。

巣まであと三十センチ、下を見て、正直、怖くなった。

「記念に写真撮ろうか。カメラ持ってくるからちょっと待ってなさい」だと。

いくら巣が好きだからって、こんな所で妻や子を残して死ぬわけにはいかない。

片手に巣を持ち、出前持ちのようなかっこうのままずり降り、早々に失礼した。

ワラッテ

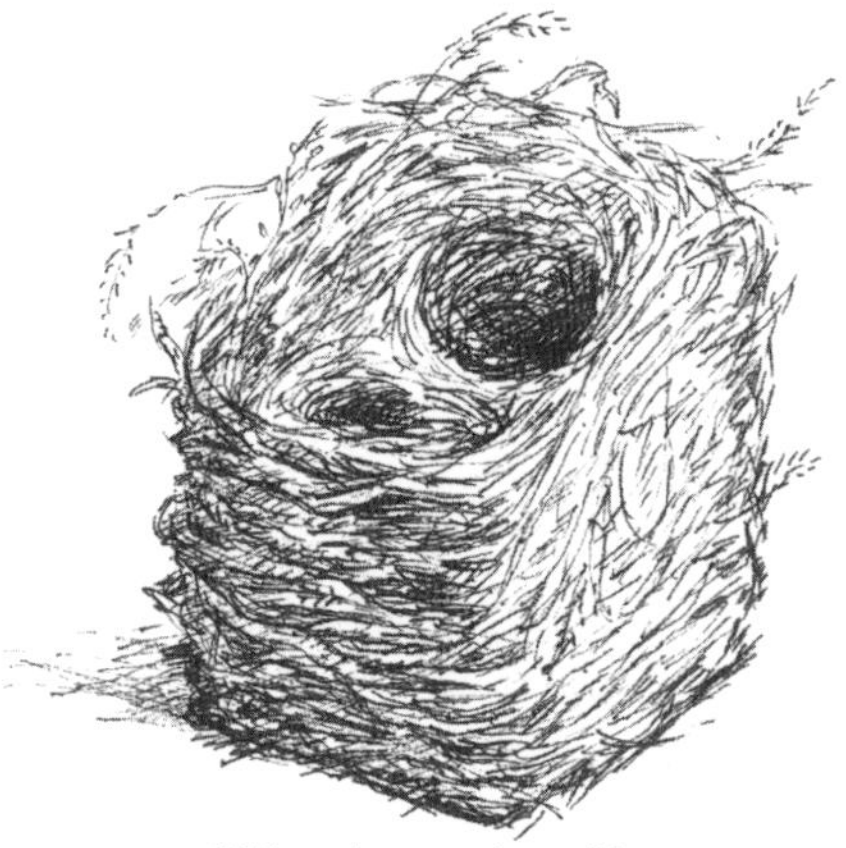

巣箱の中のスズメの巣

スズメの巣

バードウォッチングする人でも、スズメを見る人はいない。

僕も巣を集めだすまでは、さほど興味がなかった。だが何十種類か巣が集まりだすと、スズメの巣も欲しくなる。残念ながら山の中のせいか、我家の近辺にはいない。下の村の家に作ってあるというのでもらいに行く。

狭いすきまのをひっぱりだすと、きれいにワラがうずをまいている。ワラを並べていくのではなく、巣の中心で体を回転することでワラが並んでいく、という過程のわかる巣だ。

ツバメの巣の上に作った巣もあるが、ソフトクリームみたいで風が吹くとおっこちそうだ。

巣箱にも入るというので、二十センチ立方ぐらいの少し大きめの巣箱を作って、下の村のスズメのいそうな場所につけた。三ヶ月ほどして、とりはずしてみたら、巣箱いっぱいワラを集めた大きな巣が作ってあった。産座《さんざ》が二つあるので二回も繁殖したようだ。巣箱から取り出すとワラでできた直方体で立派な造形物になっている。

こんな片田舎の民家の裏で芸術が生みだされているのをだれも知らない。

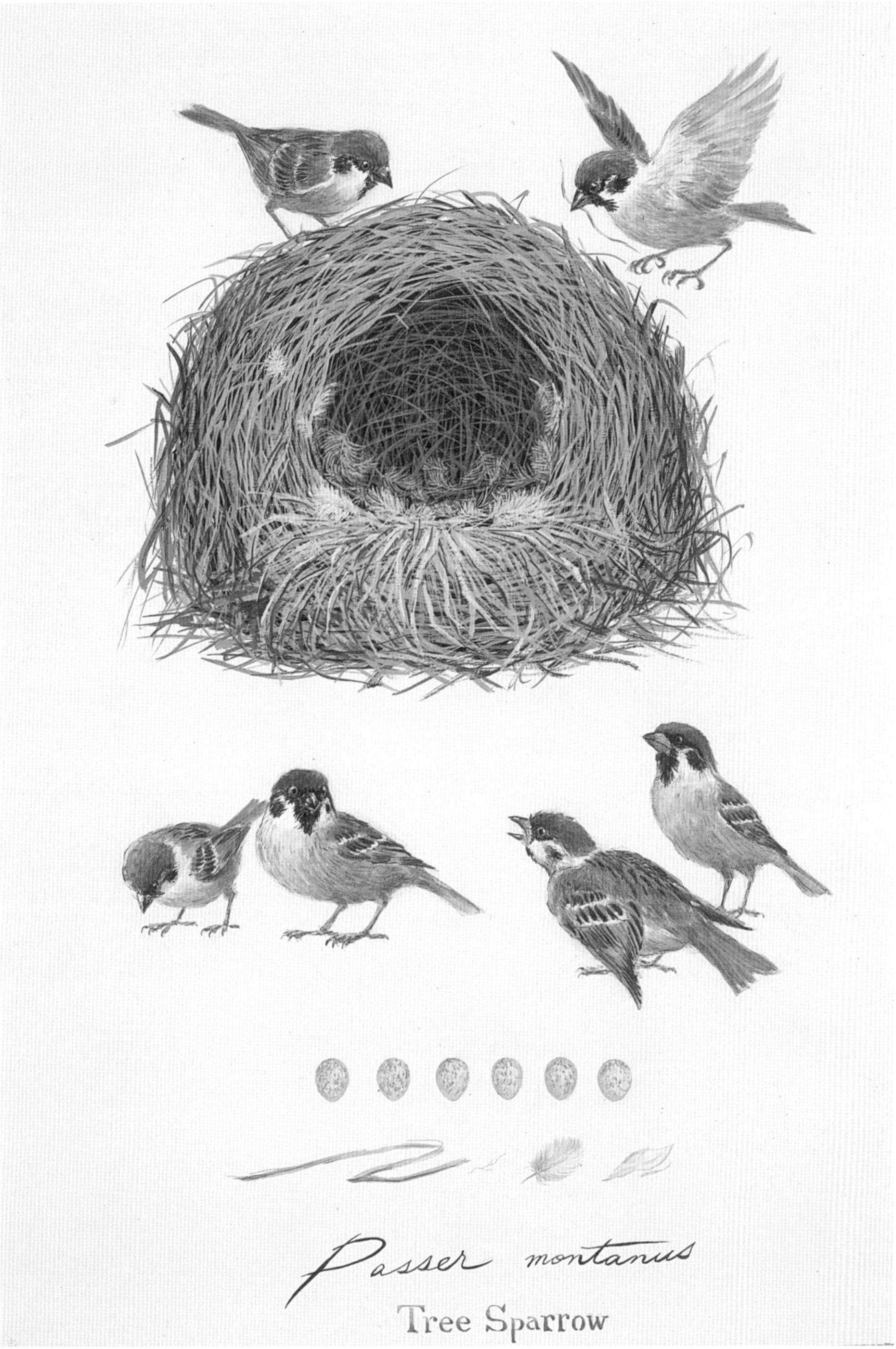
Passer montanus
Tree Sparrow

スズメ

ある日の夢

鳥の巣の見つけ方

収集した鳥の巣を見ると、大半の人が「よく見つけましたね、簡単には見つからないんでしょ」と言う。

そう、その通り！　簡単には見つかりません。

野を越え山越え谷越えて、木から落っこち、がけではすべり、トゲに刺され……。聞くも涙、語るも涙、一つ一つに血と汗と涙が染みこんでいるのです。

いくらホオジロは野原に住んでいる、とか、サンコウチョウは暗い林に住んでいる、と本に書かれているからと、野原や暗い林ですぐ巣が見つかるわけはないのだ、残念ながら。

なにしろどこにあるかわからない。春など子育て中に探すなら親鳥が餌運びなどしていて見つけやすいのだろうが、僕の場合、鳥の生活を脅かさないように秋から冬にかけてなので、まったく気配がない。海岸の砂浜で一粒の塩を見つけるようなものだ。

こんな場所にはこんな鳥の巣がある、という可能性はあっても確証はない。こちらが巣作りに良さそうな場所だと思っても、ないものはない。こんない場所になぜ作らん、と自然に対して文句を言っても仕方がないのだ。

では巣探しはどうやってするか、というと……。

まず天気の良い日であること。巣のある場所はいわゆる「人の道」をはずれた所（極道のようだな）やぶの中などに多いので、巣探しに熱中するあまり山の中で迷子になる可能性もあるわけで、霧やガス、雨にうたれて体力消耗して……なんて生命にかかわるので、風のないおだやかな日が良いのだ。僕の場合、家の周囲の、山というには低い所を、散歩がてらぶらぶらしているだけだから安全だけど。

それでも、服装は当然長そで長ズボン、地下タビ、軍手、虫よけ網付き帽子などあると、ブヨやアブ、ハチに会った時役に立つ。

さらに腰にはナタとノコの二丁ざし、剪定《せんてい》ばさみもあると便利だ。最後にスーパーのビニール袋を二、三こポケットにいれておく。これは見つけた巣をこわさないよう運ぶためだ。で、あとは気のむくまま、ぶらぶらきょろきょろするだけだ。運が良ければ見つかるし、そうでなければ見つからない。五歩進んだら上見て下見て横見て角度を変えて見て、まわりこんで見て……といった具合で、ちょっとずつ進んでいくだけだ。巣の前に二、三枚葉があってもわからないこともある。こんな風だから、あまり探そう探そうと思わないほうが良い。「見つけよう」という気が強いと絶望感でいっぱいになってしまう。なにしろ探せど探せど歩けど歩けど見つからない、一体こんなことしてて何になるのか、こんな山の中で何をしているのだ、となってしまう

カケスの羽根

だろう。小さな新芽を見たり、なんだかわからないコケや虫を見つけたり、鳥の羽根が落ちていることもある。誰もいない景色の中に一人いることが好きでないと鳥の巣探しはやっていけない。葉や枝が密集したような所、倒木の下、ガケのくずれたような所等々、鳥によって巣を作る場所が違うので、その場、その場で、このへんにはコルリの巣があるかなとか、石のすき間だからキセキレイが、枯れ木はコゲラ……と、本などで知っておくと役に立つ。

そうやって運良く巣が見つかった場合。それはそれはうれしいものだ。小さくてしっかりした巣だとスーパーの袋にいれて運べるのだが、古いのや傷んでるのだと、使ってある葉なども薄くティッシュのようになって少し動かすだけでハラハラとくずれてしまう。そおっと両手につつみ、前述したようにほとんどがやぶの中なので枝だのツルだのトゲだのこんがらがっているし両手はふさがっているので、後ろ向きに進んだり体を曲げたり頭を下げたりして巣を防御して家に帰るわけだ。

とりあえず、部屋の中にいれてしまえば一安心。すごろくのふりだしに戻るという感じで、再度出発するわけだ。こわれやすそうなのや、大きいのだと、一個とっては帰り、また、一個とっては帰りだ。袋に入れられるような巣でもこわれやすく持ちにくいのでせいぜい三、四個が限度で家に帰らねばならない。リスクが大きいのであまり人にはすすめられない。

しかしこうやって三つ四つと見つかる日もあれば当然、全然見つからない

日もある。だからこそ、気楽に散歩を楽しむ気持ちが大事だと思う。

そんな訳なので、僕の場合、鳥の巣探しに特別有名な山に行きたいとは思わない。学生のころは「山登り」に行こう、と、南アルプスだのいくつか登ったり、山小屋で働いたりもしたけれど、どうも僕の好きな自然との接し方ではなかった。

登山道入口から二十五分、尾根づたいに十五分、とガイドブックにでているような山や、行列しないと行けない登山。単独無酸素最短記録を目ざした登山等々、頂上をめざした登山、記録をめざした登山というのだろうか。最近ではアウトドア志向とかで近所の山でも、いつもはただの空地が夏には「オートキャンプ場」になり、同じような大型車が線にそって停車して、同じような装備で騒々しく何かやっている。人それぞれの好き好きだから構わないが、ゴミを捨てたり、わがもの顔で山道を走るのだけはやめてほしい。

僕にとって家のまわりの山の中で木や草、石、コケ、虫、鳥、光などをゆっくりゆっくり見られることが一番安心感を感じるのだろう。そして家に持ち帰れるものを見つけると拾ってくるわけだ。ある時はヘビのぬけがらだったり、ハクビシンの尾だったり、ノウサギのフンだったり。

そんな中のひとつとして鳥の巣があるわけだ。

ではなぜそういう他の物も展示しないかというと、一般的にどうも「キャー」とか「こわいー」とか「きもちわるー」「変態—」なんてなってしまうからだ。

その点、枯れ葉や枝でできている巣は生々しくなく、造形的なおもしろさ、美しさ、エコロジー的な観点、彫刻、工芸、手芸、裁縫《さいほう》、バスケタリー、染色、織物、バードカービング等等、さまざまな分野の人が接点を見つけやすいかなと思ったからだ。

要するに「鳥の巣探し」は名目で、静かに自然の中にいたいのだ。

十七世紀のイギリスの随筆家アイザック・ウォルトンが古典的名著『釣魚大全』で書いているように「Study to be quiet　静かなることを学べ」ということなのだ。

Mr.アイザック・ウォルトン

カワセミの巣

カワセミの巣

下の村に住むおじいさんから「鳥の巣があるからスコップ持っておいで」と電話があった。（僕の鳥の巣病は下の村でも有名になっている。）「スコップ？」はてな、とは思ったが、「はいっ、鳥の巣隊ただちに出動します！」と車にとび乗った。

以前にもヒヨドリの巣を見つけてくれたおじいさんだ。

おじいさんの家から車で山道を五分くらい、車を降りて山道をてくてく歩きはじめた。

「高い木ですか」と聞くと「いやっ道の横のがけだ」と言う。よくわからないがついて行く。

しばし歩いておじいさんは立ちどまり「ほらカワセミの巣じゃ」と土手を指さした。

カワセミは水辺の土手などに一メートル位の横穴を掘り巣にする。下の村の川にカワセミがいるのは知っていたのだが、巣が土手の穴なので、とるにとれないので諦めるというか収集の対象外になっていた。

おじいさんの指さす道の横の土手に確かに穴があいている。

曰く「ワサビ田までの道をつくるのでショベルカーで土手を削っていたら、

カワセミ

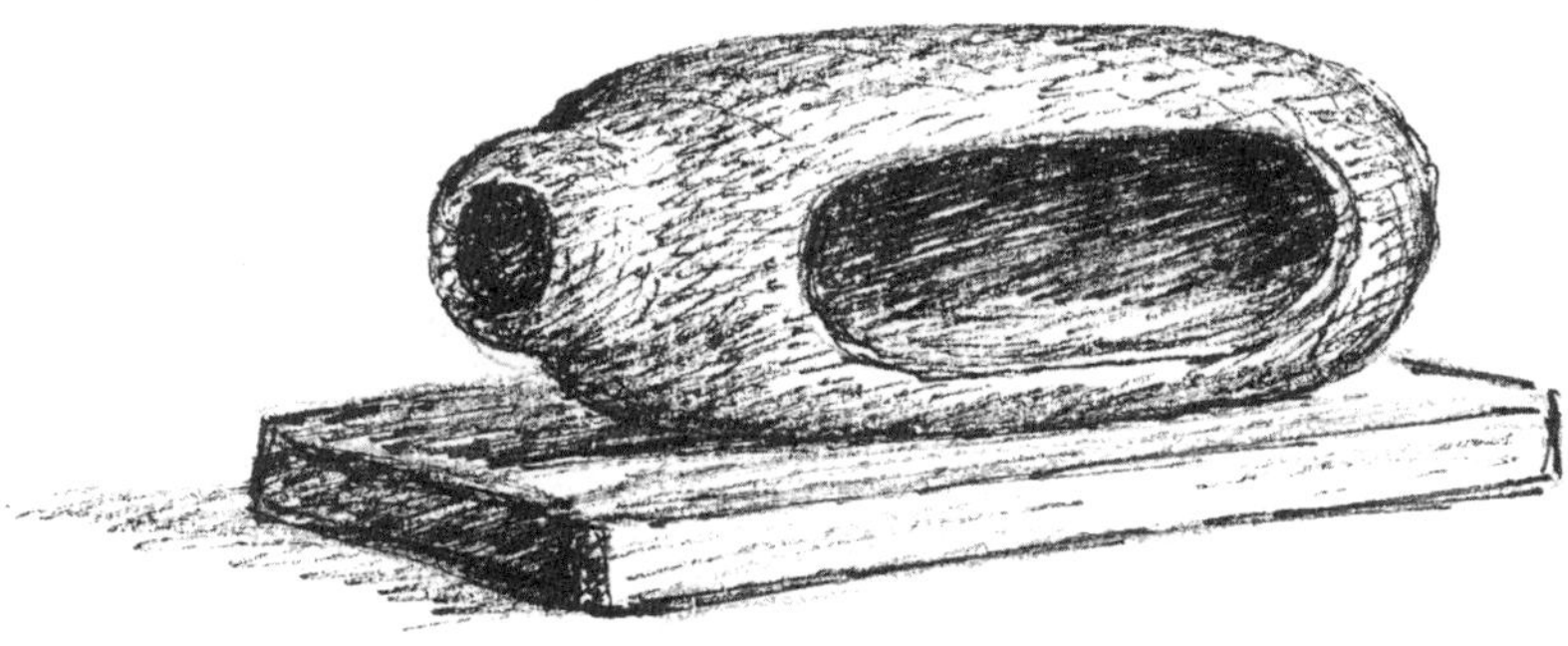

カワセミの巣　再現

ちょうどカワセミの巣の側壁《そくへき》部分だけうまく削ってしまった」とのことで穴の断面が出てきたわけだ。

「カワセミの巣だから持っていきなさい」とおじいさんは嬉しそうに言う。

持っていけと言われても土手の中央の横穴だ、持っていくもなにも……どうしたものか……。

しかしせっかくの好意を無にするのも悪いし、スコップで穴の内壁《ないへき》を削りとるようにして木箱にいれた。多少くずれたのは仕方がない。家に持ち帰り外側を紙粘土で成形し表面に土を塗り内側に採取した土をいれ再現した。

バードウオッチング趣味の人たちにはあこがれの鳥で、確かに美しい鳥だが、巣の収集には不向きな鳥だ。一方、鳥の姿は地味だが巣は立派、なんて鳥もいるから、巣を知ることで、今までかえりみられなかった鳥たちが再評価されることになるのは喜ばしいことだ。鳥をただきれいかどうかだけで見るよりもっとおもしろくなるし、自然に対する認識も深まってくると思う。

センダイムシクイの巣

地味な鳥だが巣は立派、の見本。見つけた時、思わず「おおっすごい大物」と叫んでしまった。家のすぐ横の川沿いのやぶの中にあった。ウグイスの仲間でウグイス同様なかなか目にすることはできない。似た鳥でカラフトムシクイ、エゾムシクイ、イイジマムシクイなどいるようだが相当な達人でも見分けられないようだ。詳しい繁殖生態も不明な部分が多いという。

それにしても巣だけとりだすとおもしろい形だ。本には球形の巣とあるが、周囲の空間のあき具合で筒状になったようだ。よくやった、とほめてあげたい。

昔、学生のころ、陶芸を専攻し、
土器のようなものばかり作ってい
た。そういえばこんな形も作った
っけ。「これこれ、こんな物を作り
たかったんだ」と嬉しくなった。
他にも壺《つぼ》、お碗《わん》、コップ。今見る
とどれも鳥の巣に似ている。
卵が壊れないために作る鳥の巣。
雛《ひな》が安心していられる形。
何かが入っていられる安心感。
心が休まる満足感。

サンコウチョウ

オオルリの巣

朝、犬の散歩などして、朝日が横の山を照らし、葉が朝露などでキラキラするのを見ると……「うーん、山にでも鳥の巣探しに行くかあ」という気持ちになる。この日もそうだった。

「よしっ、今日は針葉樹林帯でサンコウチョウの巣〈P.57〉でもねらってみよう」と、裏山婆《ば》娑《さ》羅《ら》山《やま》の檜《ひのき》の植わっているあたりに出かけていった。

サンコウチョウは、黒い体で目の周囲がスカイブルー、尾が三十センチ位もあるそれは美しい鳥で、「月・日・星ホイホイ」と鳴くので三光鳥だ。

ただしこの辺りではまだ見ていない。下の村の人に聞いても「さあ見たことないなあ」という人ばかりだが、まあ探すだけ探してみよう、と思ったのだ。

鳥の巣探しは、まず鳥が住んでいるかどうかが第一だ。いくら巣を探しても、そのあたりに鳥が住んでいなければ巣はあるわけはない。あたりまえだ。

鳥がいるかどうか。だいたいの日本の鳥の分布というのはわかっているのだろうが、それだって「だいたい」のことで、この線からこっちはいて、あっちはいない、というものではない。広い山の中でテクテク歩くこちらの点と、ひらひら飛んでいる鳥の点とが接する確率となると相当低いと思うのだ

が、それでも万が一の可能性がある以上、やるしかない。

鳥なんかは鳴いたり姿も目立つからまだいいが、巣となると、動かない、色が地味（天然素材そのものでカムフラージュしている）、鳴かない（あたりまえだ）など、それを見つけるとなると……考えだすと、絶望してしまうので、ここはただ歩くしかない。

そんなわけでこの日も半径二〜三メートル位をなめるようにして見ながら、沢から尾根まで登り、七〜八メートル横移動し下っていく、というふうに尾根と沢の間をジグザグ行ったり来たりした。道もなく陽もささない急斜面の檜林を何往復かすると、さすがに疲れてしまう。

「ああ今日はだめか、やはりこの辺にサンコウチョウはいないのか……」と、結局あきらめ帰路についたが、それでも手ぶらで帰るのはくやしいので、沢づたいにキセキレイの巣でもないかと石のすき間をのぞいたら……オオルリの巣があったのだ。九回裏2死からの代打逆転ホームランだ。

巣はコケを集めたアンパンくらいの座布団型だ。産座《さんざ》には細い根などを使う。メスだけが抱卵《ほうらん》し、オスは美しく目立つ所でさえずり、外敵の注意をそらす。

別の年、子供とサッカーをしていたら、ボールが橋の下の川に落ちてしまった。ボールをひろってなにげなく橋の裏を見ると、巣がある。前の年見て何もなかった場所なので、その年作った巣だ。

オオルリ

二度繁殖したオオルリの巣

ハシゴをかけてとったら、オオルリであった。それも、なんとなんと、二つ連なっているではないか。目を疑うとはこのことだ。アンパンとジャムパンとクリームパンがくっついている三色パンというのがあるが、そんな感じでくっついている。玉子が二つの目玉焼きともいえる。ええい、なんでもいい、なにしろこれはすごい巣だ。片方がほんの少し小さめだが卵のからも少し残り明らかにオオルリだ。鳥の本には、年に一度の繁殖とあるが、例外でがんばっちゃうこともあるという動かぬ証拠だ。同じ場所で、それもくっついた巣を作るなんて……。今まで、どんな本にもでていなかった。マニア垂《すい》涎《ぜん》の超レア物の巣だ。(巣のマニアなんて僕だけだけど。) 余程うちの橋が気にいったのか。そういえばちょっと前に、電線に見慣れない地味な鳥が何羽かいたが、あれがオオルリのメスと子供だったのだろう。

たなからぼたもちというか、橋げたからクリームパンというか。鳥の巣探しはなにがおこるかわからないのだ。

Terpsiphone atrocaudata
Black Paradise Flycatcher
Eggs
Materials

サンコウチョウ

修復道具あれこれ

鳥の巣の保存法

持ち帰った鳥の巣は、ノミだのダニだのいないか確かめ（いたら、悪いが殺虫剤をかける。）よく日にかわかしたあと、木工用の接着剤と透明なニスがまざったようなものを塗って壊れなくしている。市販のスプレーニスだと勢いが強すぎ壊れてしまうので、巣の状態にあわせて濃さを加減して必要な個所から筆で塗って固めていく。ここら辺は遺跡の修復作業しているようで楽しい。

羽や動物の毛など使ってある部分は、注意しないとベッタリしてしまうので、スポイトで内側に注入したりもする。こうして細部を観察しながら固めていくわけだが、改めて、巣作りの不思議さに驚く。巣材運びにしても、人間のようにロープでしばる訳でなし、何本か一緒に口にくわえたとしても何百回か往復しているようだ。

動物の毛とか鳥の羽だって見つけるだけで大変だ。巣によって作り方も違うが、人間だとセロテープでとめたり接着剤を使ったりしないと、いや、使ってもできないだろうな、これは。と感心しながら人間と鳥との違いを実感するわけだ。

インドのキムネコウヨウジャク、アフリカのハタオリドリの巣になると、

台をつけたヒヨドリの巣

これはもう……とても人間の感覚、技術、常識では計り知れない能力だ。〈P.10, 11参照〉

一応本体がしっかり固まったら、次は台をつける。枝付のままとれた巣ならそのままでいいが、枝からはずれていた巣は、似たような枯れ枝を探して設置する。台の木もちゃんと選んで、ペーパーをかけニスを塗っている。こうすると、より巣の美しさ、形のおもしろさも際立って完成度が増し、美術館に展示してもおかしくない物になる。〈P.77参照〉

博物館などにたまに巣が展示してあることがあるが、どれも、これはただの使い終わった古い鳥の巣です、という感じでおもしろくも美しくもない。おわんにいれてあったりするのもあって、「鳥の巣を愚弄《ぐろう》するのか、おぬしは」とどなりたくなるような展示もある。

やはり、巣は美しい造形物であるという認識が決定的に欠けているわけだが、これはまあ、生物関係の人に文句を言っても仕方がない。その辺の認識を新たにしてもらおうと、会社の広報部みたいに、活字にしてこんなふうに本に書いたり、こんな展示の仕方もありますよと、フーテンの寅さんみたいに鳥の巣持って日本全国、鳥の巣の展示会をしたりしているわけなのだ。

山随院報本寺

キクイタダキの巣

子供が遊びに行く下の村のお寺の住職さんが、台風の翌日拾ったのをくれた。

巣の形、材料、枝のつきかたなどから、キクイタダキだろう。体重四グラム。日本で一番小さい鳥だ。

この村にキクイタダキが住んでいるとは知らなかった。

どこの枝にとまって、どこでクモの糸を集めたりしたのだろう。

古いお寺の境内は太い木が多く昼でも暗い。小さなキクイタダキが飛んでいるのを見つけるのは至難の技だ。まして枝先の巣となると、これはもう絶対不可能だ。

台風様様、といってはなんだけど、よく落ちてくれたものだ。

もちろん古巣だから落ちるので、使用中の巣はまず落ちることはないが、最近多いビニールなど使った巣だと、すべってしまってずれたり落ちたりはあるらしい。

キクイタダキが住んでいると知ると、いつも見慣れた境内が、俄《にわか》に自然の奥行きがでてくる。人間が日常的な生活をしている同じ空間の中にやはり鳥も同じように暮らしているということを知ると、単なる日常生活が新鮮な景

キクイタダキ

色に見えてくるものだ。

　鳥を見て巣を探すのではなく、巣があることがわかることで、そこに住んでいるであろう鳥の暮らしや、それを成り立たせる、その後ろに控える大きな自然や環境を感じるようになると思う。

　望遠鏡で鳥だけ見てる人が多いのではないだろうか。

セグロセキレイ

セグロセキレイとキセキレイの巣

セグロセキレイは、いつも我家の庭を歩いている。白と黒でペンギンのようだ。巣作りはメスが行い、茎・根・葉で外装し内装は獣毛や羽毛を使う。

春になって我家の犬も抜け毛の時期なので、ボサボサした所を抜いてやる。犬なんか全然こわくないのか平気で犬の鼻先を歩いてひろっている。メスが巣材を集める間、オスもウロウロついてまわっている。気持ちだけはお手伝いしてるつもりなのだろう。

巣は、家の横の石垣で見つけたのは直径十五センチぐらいだったが、近所のバス停の屋根裏にあったのは三十センチぐらいあった。広いとそれだけ余計に集めるようだ。ショベルカーのエンジンを修理しようと思ったら、バッテリーの裏のせまいすきまにも作っていた。エンジンや排気管、バッテリーにかこまれた巣というのもなかなか不思議な光景だ。

キセキレイは、セグロセキレイよりひとまわり小型でスマートな鳥だ。〈裏表紙〉巣材も気持ち細めで、出来上がりもデリケートな感じだ。これを書いている机の前の窓の外側のひさしの下に三年連続で巣を作っている。オスが屋根の上で鳴きだすと、おっ今年も始まったなとわかる。車のミラーやスト

キセキレイ

ーブの煙突など、自分の映った姿にとびかかったりして縄張りを守っている。雛《ひな》がかえると虫をくわえて窓の前でよくホバリングして巣に入る機会をうかがうので観察しやすく、よいモデルになってくれる。雛のしたフンは、すぐ横の川に捨てにいくようで、本当の水洗トイレだ。

巣立った雛も家の周囲をトコトコ歩いているが、スキだらけというか、無防備で、車を動かすときなど踏んづけそうでひやひやしてしまう。案のじょう昨年はうちの猫が巣立って数日後にとってしまった。(コラッ！　せっかくこちらが繁殖をたすけているのに、おまえらそれはないだろう。)

すぐ別のドアの上のすき間に巣作りを始めたが、年に数度巣作りするということは、それだけうまく成長するのが少ないということを、数でバランスをとっているのだろう。

こわれたエナガの巣

見つけた巣　その後の楽しみ

鳥類を研究している人だと、なんの鳥の巣か、雛《ひな》は何羽でなにを食べているか、とか、何羽巣立ったかが重要だと思うのだが、僕の場合、巣の造形性、形のおもしろさに惹かれているので、鳥がわからなくても一向に構わない。（わかればそれにこしたことはないけれど。）もっと言えば、壊れていたり、破片のようでも構わないのだ。遺跡の宝物や恐竜の化石だってそうでしょう。腕のない胸像が不思議な美しさに満ちていたり、一片のかけらから壺《つぼ》の全体を想像したり、これはトリケラトプスの右から三番目の肋骨の一部かな……とか、同じ種の鳥の巣でも、個々の使ってある素材、作り方、環境による差など、どれ一つ同じものはなく、形の意外性や自然の不思議さに満ちているのだ。

たとえば、こわれていたエナガの巣。カケスにでもこわされたのだろうか中の羽根が見える。フクロウ、カワラヒワ、キジ、山鳥等いろいろな鳥の羽が使われている。ということは、その近辺にそれらの鳥が住んでいるということだし、十種以上の鳥の羽根が集まった光景は美しくも不思議なものだ。

ある日、ヒヨドリの巣を見つけた。近づいて見て驚いた。誰かが葉っぱで屋根をつけている。ヤーネーなんて思わず言ってしまった。西武球場も屋根

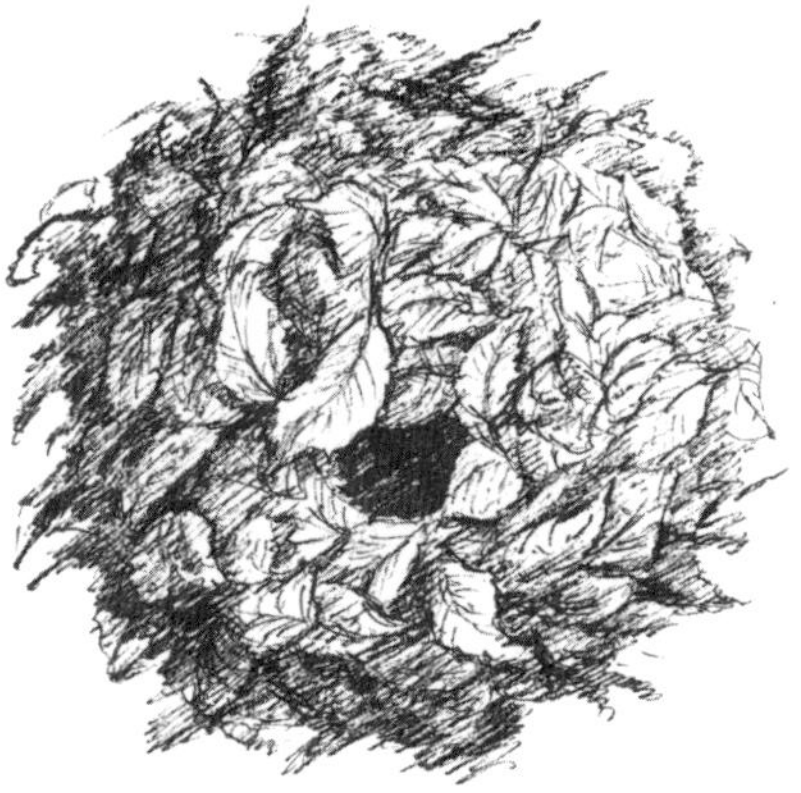

本来のヤマネの巣。
木の葉だけでできている。

ヒヨドリ+ヤマネの巣

をつけてドーム球場になったがそんな感じで、ただ落ち葉が積もったのとは違い、明らかに他の動物が追加したものだ。

鑑識《かんしき》の結果(オーバーかな)、その近辺に住んでいること、他の鳥や動物でそんなことするのはいないから、というまことに簡単な理由で、犯人はヤマネと判明した。

本来のヤマネの巣は、地上2~6mの樹の枝のツルのからまった所に、ドングリなどの葉を集めた、レタス位の大きさのものだ。これは洋書などにはでているが、日本では、まだほとんど知られていない(ぼくは裏山からいつも収集しているけれどね)。

ヒヨドリの巣は二十個くらいあるが、こんなのは初めてだった。

翌年も同じような巣を見つけた。どうもこの辺のヤマネは巣材集めを楽してる横着ものなのだろうか。

鳥類学者の人だと、ヤマネが屋根を追加した巣なんて興味ないのだろうか。まあ学会で発表しても、だれも関心をしめさないかもしれない。でも僕個人としては、長島監督が住んでいた家に貴乃花が引っ越してきた、というくらいおもしろい巣だと思うのだ。学会に発表する気もないけれど。

カワガラスの巣

ある日、となり村の橋げたにカワガラスの巣があるという情報が入った。早速、二連バシゴを車に積んで「鳥の巣隊」出動！ ピーポーピーポー。あった！ 橋げたのコーナーにコケのかたまりがへばりついている。三十センチ角くらいのスポンジケーキのようだ。

よく調べると、卵くらいの大きさの石が中に組みこまれていた。橋げたにそんな石があるのはおかしい、家の基礎としてカワガラスが運んだのだろうか。外国には巣の基礎に石を集める鳥がいるがカワガラスがそんなことするとは日本の本にはでていない。でも人間がなんでも知っているわけではないからな。

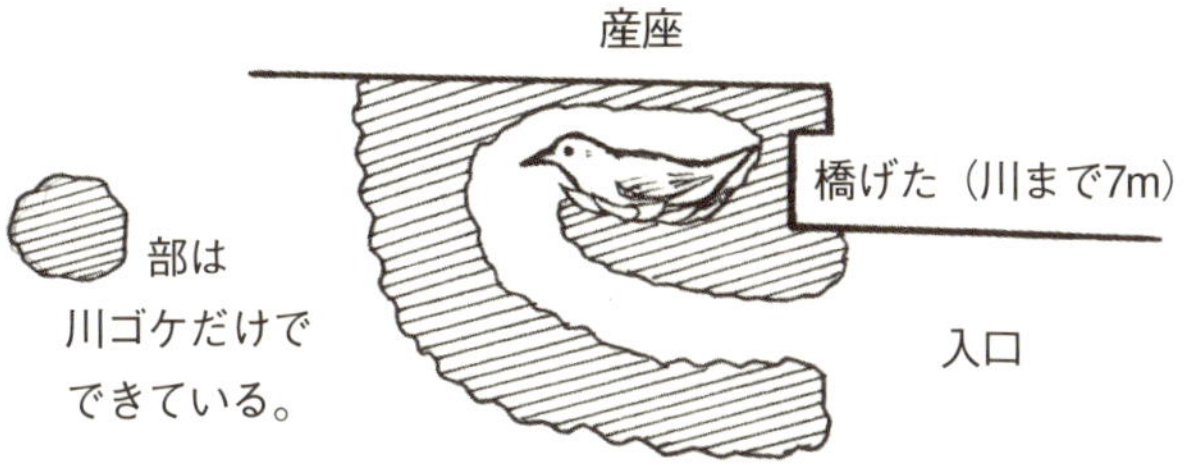

ぶらさがりタイプ断面図

カラスといっても黒いカラスとは関係なく、こげ茶色のムクドリくらいの大きさの鳥だ。水の中をもぐって虫を食べる。子供とハヤ釣りなどしていると頭の上を飛んでいく。川の石の上などによくいるが、色がこげ茶色なのでほとんどシルエットのようで地味な鳥だ。が、巣は立派。このようなスポンジケーキ形もあれば、橋げたにぶらさがりタイプで入口は一階、産座は二階という不思議な物もあった〈左図〉。

滝の裏などによく巣作りするようだが、我家のあたりの川は小さく滝がないので橋の裏などによく作っている。これは巣の収集家にはありがたい。なぜかというと、橋のところで車を降り、ちょっとのぞけばよいのだから。

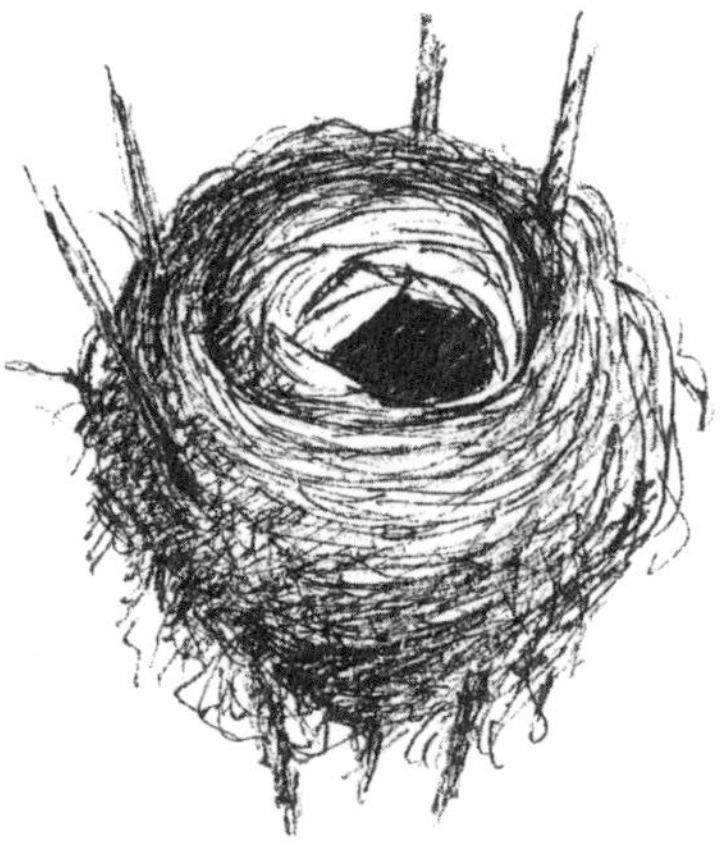

オオヨシキリの巣の中のウグイスの巣

オオヨシキリの巣

海から少し入った河口から何キロメートルか川岸にヨシ原が続く。

秋から冬。よく晴れた日にヨシ原に行くと、それはそれは美しい。

枯れた葉が日を受けて輝くようになる。

背の高いヨシ原に踏みこむと、一面まわりを茎に囲まれ、迷路に迷いこんだようになる。

「よしっヨシキリの巣を探そう」などと思わなければ、一生こんな世界があるのを知らなかっただろう。感謝。

ヨシ原のとなりの竹林で巣を見つけた。

一メートルくらい近くにウグイスの巣もあった。

友達かな、と思ったが、そうではないだろう。多分、巣作りの時期がずれているはずだ。

両方持ち帰り、記念にひとつの台に設置した。

翌年、同じ場所に行ったら、オオヨシキリの巣しかなかった。

ウグイスは今年は作らなかったのかなと思ったら、なんとオオヨシキリの巣の中に作っていた〈上図〉。

自然っておもしろいものだ。

オオヨシキリ

屋根裏にあったミソサザイの巣

ミソサザイの巣

家のそばの県道沿いのバス停に、ベニヤで作った簡単な小屋がある。中にベンチがあり、雨降りのときなど人が濡れないですむようになっている。建ってから何年もたっているので、あちこちベニヤが腐って穴があいている。ひさしの裏にも穴があり、屋根裏につながっていて、見るからに鳥が入りそうだ。何を見ても鳥の気持ちで見てしまう悪いくせだ。

昨年、屋根の左側の穴をのぞいたら、大きなセグロセキレイの巣があった。右側にもげんこつくらいの穴があいているが、まさかこっちにはないだろうと思いつつ、どうも気になっていけない。

脚立に上って懐中電灯で照らしてみた。何やら大きな山が二つある。「あとで修繕するから」と一人で言い訳して、ベニヤをはがしひっぱりだしたら、コケのかたまりだった。

一つは上に穴があり、一つは横向きに穴がある〈上図〉。

ミソサザイは数個の巣を作り、その中で最も見つかりにくい巣に卵を産み、他の巣は外敵をだますためともいわれている。

横向きに穴のあるほうに卵のカラがあるので、こちらで雛《ひな》をかえしたようだ。

ミソサザイ

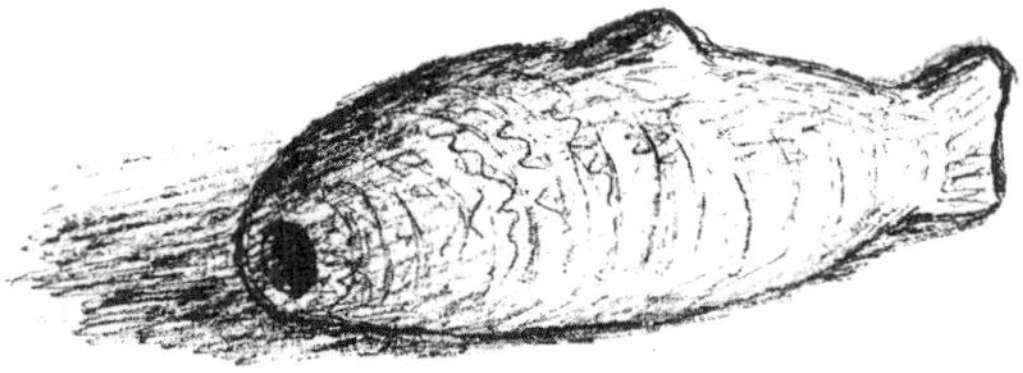

魚型土器

鳥の巣と大学中退

鳥の巣と大学中退とになんの関係があるのかと、いぶかるむきもあるかと思うが、風が吹くと桶屋《おけや》が儲《もう》かるのような密接な関係があるのです。どういうことかというと……。

僕は小さいころから絵を描いたり物を創るのが好きだった。当然の流れで美術系の大学に進んだ。

大学は油絵、日本画、彫刻、デザイン、工芸等と専攻が分かれていて、僕としては絵も立体もやりたかったので迷ったが、結局、絵は家で自分で好きに描いて、設備などの必要な立体を学校でやろうと決めた。立体といっても、その時点でまだこれを作りたいというはっきりしたものはなく、漠然としたイメージで、木や石を彫る彫刻的なものでも、金属をたたいたり溶かしたりする金工的なものでもない、どちらかいうと自然の素材、陶芸に近いか……と、工芸科の陶芸を専攻したのだ。

陶芸というと、窯《かま》などとても個人でやるというわけにいかないし、かといって窯元に弟子入りするという程強い欲求があったわけでもないので、学校の設備を利用して、何か自分の求める立体が創れるかなと思ったわけだったが、そうはいかなかったのだな、残念ながら……。

ふぞろいの食器たち

一、二年は基礎教養で美術全般の実技をやり、三年から専攻に分かれるわけだが、自分のやりたいことと学校からだされる課題とがずれていた。

たとえば、ろくろを使った五個一組のおちゃわんをつくれとか、そろいものの湯飲みをつくれという課題がでるのだが、自分の場合、ろくろを使って同じ物をたくさん作る気にならないのだ。まったく逆に、一つ何か作ると今度はこう変えてみよう、ああしてみよう、といった具合で、同じ物を作りたくないという気持ちが強いのだ。きれいに漢字を十個書くなんてのも小学校のころから苦手だった。

商品として売ったり大量に作ったりするのにろくろが必要なことも、そういう技術を習得するのが社会の中で生きていく上で役に立つのも頭ではわかっているのだが、いかんせんやる気になれないのだ。だって食器を作って売って商売しようと思っていないのだもの。

もちろん、人間の生活に食器は必要だし食器を作って商売することも大事なのはわかっているのだが、その時の自分のやりたいことではなかったのだ。

そのころはアパートに一人で下宿していたので、必要な食器というと、ビールを飲むコップとお皿が一枚あれば足りてしまっていた。(だからビールのジョッキは作った。)

ではなにを作ったのかというと……。動物のようなものだったり、縄文式の土器のようなものだったり、紋様《もよう》にしてもふつうの花とか装飾的な上絵で

作品　ー階段と石垣ー　鈴木まもる作

はなく、もっと抽象化した呪術的《じゅじゅつてき》つながりのある形を削っていったり……と、言ってみればオブジェ的な物だった。だから講評会などでも先生に鼻で笑われるのがオチだった。

さらに先生達の作品を手伝う気にもなれず（型で生徒に作らせて、最後に先生がハンコを押すとデパートで何万円にもなって売れる物など手伝いができるかいな。）陶器の教室から足が遠のくようになっていき、家で自分の絵の方に専念する時間が増えていった。

絵のほうはというと、画廊や公募展などいろいろな発表手段があるが、自分は高校のころから出版物、絵本などが好きだったので、出版社に作品を持ちこみ、なんとか絵本が出版できる方向になっていた。

そんなわけで三年の途中から、バイトしながら学校に行かず、家で絵ばっかり描いていたが、中途半端に行くよりすっぱりやめてしまおうと、中退してしまったのだ。

この時点では、絵を描くことが心をしめていて、立体はひとまずお休み、またなにかそのうち自分にあった形は見つかるさと、別に残念ということでもなく心の中に封印したようなものだった。

それから十年、二十年。絵のほうの創作活動をメインにして、その時々で必要な立体を作ってきた。都会を離れ山の中で暮すようになり、犬小屋、鳥小屋に始まり、うさぎ小屋、台所用品に子供のおもちゃ、さらに庭や畑、石垣

手製の子供のおもちゃ

や階段、道、池、橋、アトリエ等々。中でも一番作りごたえのあるのが家のまわりの山だった。植林されたまま放置され荒れ果てた山を再生しようと、樹を植え手入れをしていた。そして……。山の中で鳥の巣を見つけたのである。（ふう、やっとここまできた。）

一つ二つ三つと何年かのうちに数が増えていき、形の斬新さや美しさ、自然の持つ生の力、不思議な造形、個々の独自性などにひかれていった。

そして、とうとう「ああ、ぼくが大学で作りたかったのはこういう立体だったんだ」とわかったのだ。（そう思ってみると学生時代に作った物と似ている。）

そのままだとボロボロに壊れてしまうので接着剤で固めて台を付けた。自然の状態のように枝につけたのもあるし、オブジェ的にしたものもあるが、巣の部分は鳥が作ったそのままだ。中途半端に似た物を作るよりは、その物ズバリをだすほうがいいと思ったのだ。

一つ一つのオリジナリティのある自然の形。商業性とは無縁の形。生きていくことが形になっていく必然性。一つ一つに、子孫を残すこと、宇宙の生命のつながりや神秘まで感じられる。大学時代切れめない線を刻んでいたのは結局生命のつながりを形にしたかったのかと二十数年して納得したのだ。ついに封印が解けたわけだ。（怪獣だね。）

商業性とか貨幣経済とか、現代の諸々の人間の世界の中で必要とされ作ら

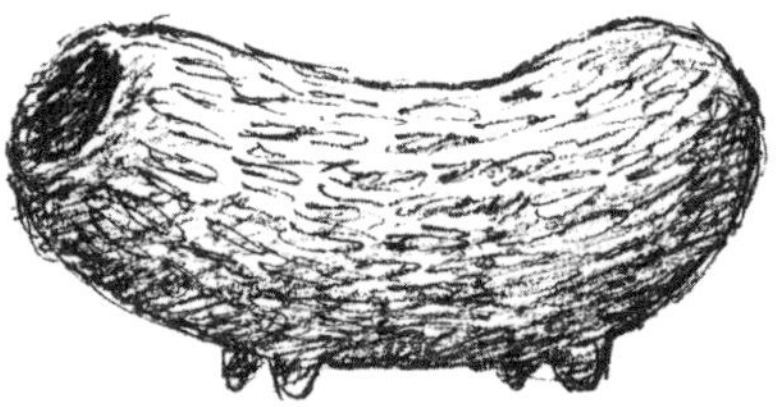

学生時代に作った陶器

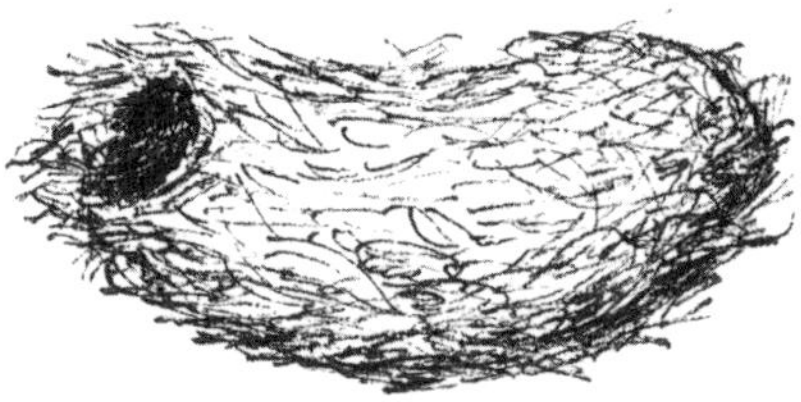

センダイムシクイの巣

れていく物と（勿論これも大事だが）、春になり子孫を残すために無意識に体が動き出来上がっていく物との違い。

どちらが良い悪いではなく、向かう方向が違うだけ。そして僕がやりたい立体（平面でもその他なんでも）は鳥の巣に象徴される物だ、ということがわかった。山の中で巣を探していたのは結局自分自身を探していたわけだ。

要するに、自分の好きなことは、自分にしかわからないということ、他人や学校から与えられる物ではなく、多少世の中の流れからはずれても、自分を信じてやり続けることでわかることなのだ。それが結果的に、自分とはなんぞやという、自己を発見することにつながるのではないだろうか。

これが鳥の巣と大学中退との深い関係である。おわかりいただけただろうか……。

キクイタダキ

ズグロウロコハタオリドリ

ヒメハタオリドリ

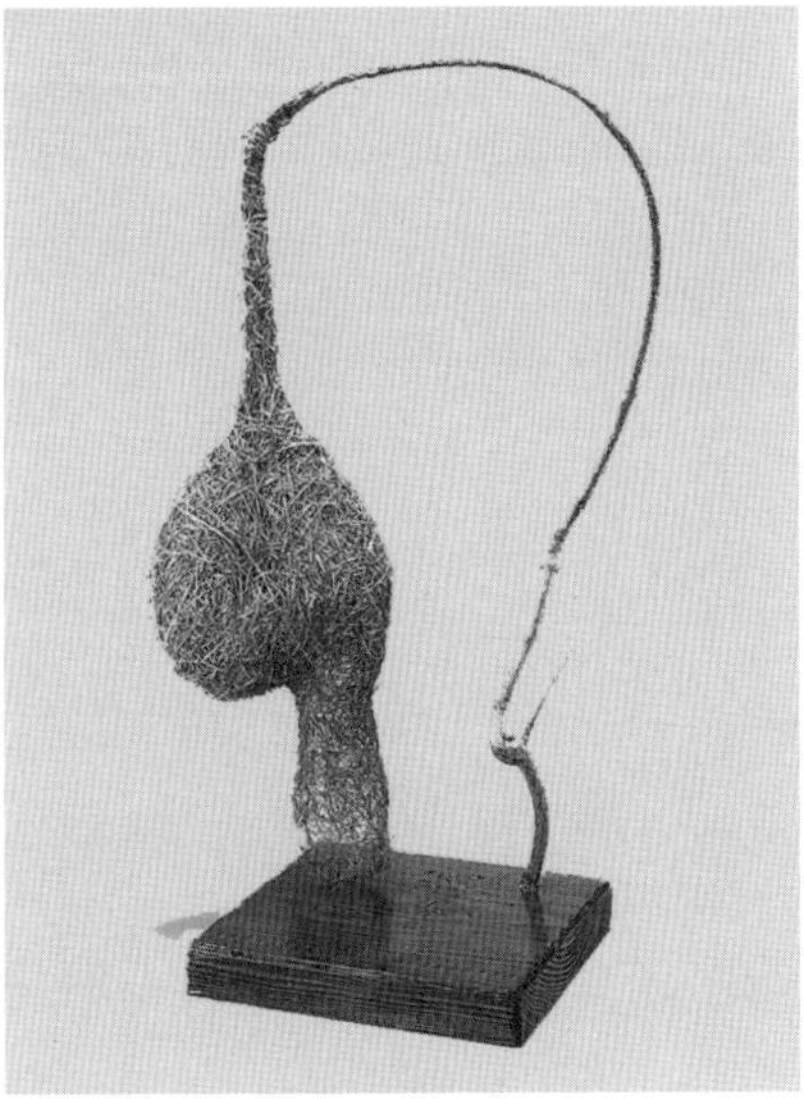

キムネコウヨウジャク

ノゴマ

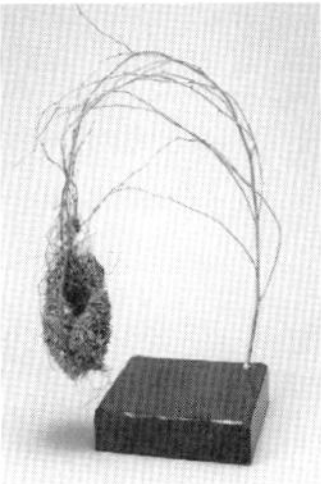

ブロンズタイヨウチョウ

ギンパラ

カイツブリ

セアカカマドドリ

巣との関係あれこれ

鳥の巣の効用

鳥の巣を知ることにどんなメリットがあるのだろうか。人それぞれ好き嫌いもあるので興味のない人にはただのゴミでしかないだろう。ただ、大半の人は本物を見る機会がなく、真のおもしろさ美しさを知らない、というのが実情だろう。

そこで興味を持ってもらうために一般的に考えられるメリットを幾つかあげてみよう。

鳥関係のことでいうと……。

普通バードウォッチングなど、鳥を見て「かわいい」「きれい」と見るだけだが、巣との関わり、繁殖との関係を知ってくると、もっと自然界の不思議な力、おもしろさを感じるようになるだろう。巣作りの不思議に始まり、鳥が鳴くことだって、ただ「いい声ね」と聞くだけでなく「あっもう巣作りしているのかな」「卵を抱いてるメスを守っているのかな」「あのオスのウグイスには何羽メスがいるんだろう」とか「この間カッコウが鳴いていたけれど托卵《たくらん》されてるんではなかろうか」と、鳥の声一つで見えないけれど自然の生き物たちの動きを感じるようになるのではなかろうか。

卵の形を見てみよう。断崖のわずかなすき間に卵を産むウミガラスの卵は

キジバト

先がとがり、コロコロころがっていかず回転することで落ちないようになっているし、他のと間違わないよう色や模様も全然違う。一方木の穴など暗い所の巣の卵は白くころがる心配もないので丸い。カムフラージュのため小石や砂の上に巣を作る鳥のは地色が明るく、草むらや水辺の植物の上の巣の卵はもっと濃いオリーブ色（よどんだ水のような色）で模様がついている。

　地面の簡単な巣のヒナは生まれてすぐ歩ける早成性《そうせいせい》。木の穴など外敵から守られた巣のヒナは巣立ちまで時間のかかる晩成性《ばんせいせい》。（人間の親子関係もあてはまるな）

　キジバトの簡単な巣もただハトは不精だと否定的にみるのではなくなるだろう。ハトはエサに他の鳥のように虫を与えず、自分の体内からピジョンミルクというのを口移しで与える。これは年中でるし、両親ともでるという。他の鳥だとヒナのエサになる虫がいる時期に繁殖期が限られるが、その点キジバトは年中繁殖が可能となり故に簡単な巣の理由となっている。

　このように、巣という知識が増えることで、自然がバラバラに存在しているのではなく、大きな流れの中の一つということが見れてくる。傍観者として見るのではなく、同じ地球に住む仲間としての実感が増してくるだろう。

　それが日常生活の中でどう反映されるかというと……。

　ふと空を見あげて鳥を見た時、ただ「鳥が飛んでる」と思うか、鳥の生活、自然との結びつきまで含めて感じるかでは、ずいぶんちがうと思う。

鳥だけ見ている人達

たとえばお父さんが会社で仕事上いやな事があったとする。メジロがやぶの中にはいるのをちらっと見たとしよう。

巣や鳥の生態を知ってる人だと……

「あっメジロだ、もう巣を作ってるのかな、口にコケのような物をくわえていたが……いやひょっとして、コケではなく、虫だったかもしれない、それならもう雛《ひな》は孵《かえ》っているわけだ、蜜《みつ》を吸うような花があるんだなこの辺にも……そうだ、たまには奥さんに花でも買って帰って、子供と遊ぼう」となる。

一方、巣を知らないと……

「なんだメジロだ、くそっ頭にくるから目白の駅前の焼鳥屋にでも行くか」となって、やけ酒飲んで酔いつぶれ、電車を終着駅まで乗り越し、家に帰れば奥さんや子供から冷たい目で見られ、子供に「勉強しろ」とやつあたりしたら「うっせえ」となぐられ、「あなたいい加減にして」と奥さんと子供はでていってしまう……。

鳥の巣一つ知ることで、家庭の明暗がこうも違ってしまうのです（ほんまかいな）。

前述の追跡調査の報告例以外でも、バードウォッチングなど鳥を探して上ばかり見て、足元の巣をふんづけるなんてこともあるわけです。

ただ外出した場合でも、繁華街やビル街、下町の商店街、町の公園、田舎の道、山の中等、いろいろ観察力、想像力が増し、どこにいても自然の息吹《いぶき》

電車の中でも巣は見つかる

や宇宙の流れまでも感じることができ、心が充足されるようになることうけあいです。だから、特別遠くの有名な大自然に行かなくても自然を実感する術が身につくわけです。

逆にそれがないと、いわゆる有名な観光地に行っておみやげを買うことのくりかえしになって、いつまでたっても心は満たされない。世界一高い山に登ったら、あとは火星にでも行きたいなんてことになってしまう。

結局そういう人は、身近な場所の本当の自然の不思議を見ていないのだ。そして、それはもっともっと身近な、一番身近な自分自身の心を見ていないことにもつながると思う。

「有名なブランド」に頼ったり、「他人が行列してる場所」に頼ったり、「流行」を気にしたり、いつも他人と電話してないと不安だったり……。

結局いつまでたっても自分自身から目をそらしていることだ。

鳥が誰にも教わらず、場所を決め材料を運び、巣を作る能力があることを知ることは、人間にもそんな能力があることを、各自が自分に問いなおすことにつながるのではないだろうか。

ズグロウロコハタオリドリ

シャカイハタオリドリ

外国の鳥の巣

鳥の巣を収集しはじめて何年かたった。

鳥類学の人だと一つの種に一つあればすむのだろうが、マニアは個体差その他いろいろ興味があるので同じ鳥の巣でもいくつあっても構わないわけだ。ライブ盤、ドイツ語バージョン、ＭＩＸバージョン、未発表テイク等々いわゆる音質の悪い海賊版《かいぞくばん》を集めるロック小僧と同じなのだ、きっと。まして、壊れた巣や破片、ネズミやヤマネの巣でもいいような、本当のマニアとなると……もう部屋の中は巣ばっかしで、はじめて部屋の中にはいる人は「うっ」と絶句してしまい、地下室にまであるのを知ると、へたりこんでしまい、名前が「すずき」なんて聞いて、とどめをさされてしまうのだ。（みんなおまえのことじゃないかって、ハイ、スミマセン。）

日本で確認される鳥は約６００種だが、繁殖しているのは約半分位、残りは外国で繁殖している。必然的に、日本の鳥から世界の鳥へと踏みだしていくわけだ。

世界にはなんと９０００種以上の鳥がいるのだそうだ。カッコウ、ペンギン等、巣を作らない鳥もいるが大半は大なり小なり巣を作る。

大きいのは、何羽も一緒になって樹の上に集団の巣を作るシャカイハタオ

ルリイカル

シュモクドリ

リドリ、十メートルぐらいの大きさになるというからアパートというかビルディングだ。

シュモクドリなんかは、一羽で長さ二メートル重さ五十キログラムのドーム型の巣を樹の上に作るようで、これは豪邸だ。小さいとなるとやはり南米などに住むハチドリだろう。実物を持っているが、三センチぐらいでそれはそれは小さい。〈P.84〉

場所もいろいろで、人家の煙突の内壁にお皿のような巣を作るエントツアマツバメなんて、いったい何を考えているのかわからん鳥だ。

何を考えているのかわからんといえば、ニワシドリ科の鳥だろう。オーストラリアなどに住み、地上に小枝を集め平行な壁を作り、その周囲に青い物ばかり並べるアオアズマヤドリ。これは正確には巣ではなく、メスの注意をひくための建造物で、巣は普通のお碗形《わんがた》だ。青い羽、青いひも、青い洗濯ばさみ、青い包装紙等集めるというから、まったく完璧に現代美術だ。ハバニワシドリは円形の踊り場を作り噛んで切れこみをいれた葉をすべて裏にして置くというが、これも行為としてはまぎれもなく現代美術の作家の行為といえる。

カンムリニワシドリになると枝を積んで一メートル位の塔を作り、表面を苔、花、木の実、虫のぬけがらで飾り、メスがくるとオスは冠羽を立てて踊るというから、パフォーマンスというか大道芸というかの世界だ。

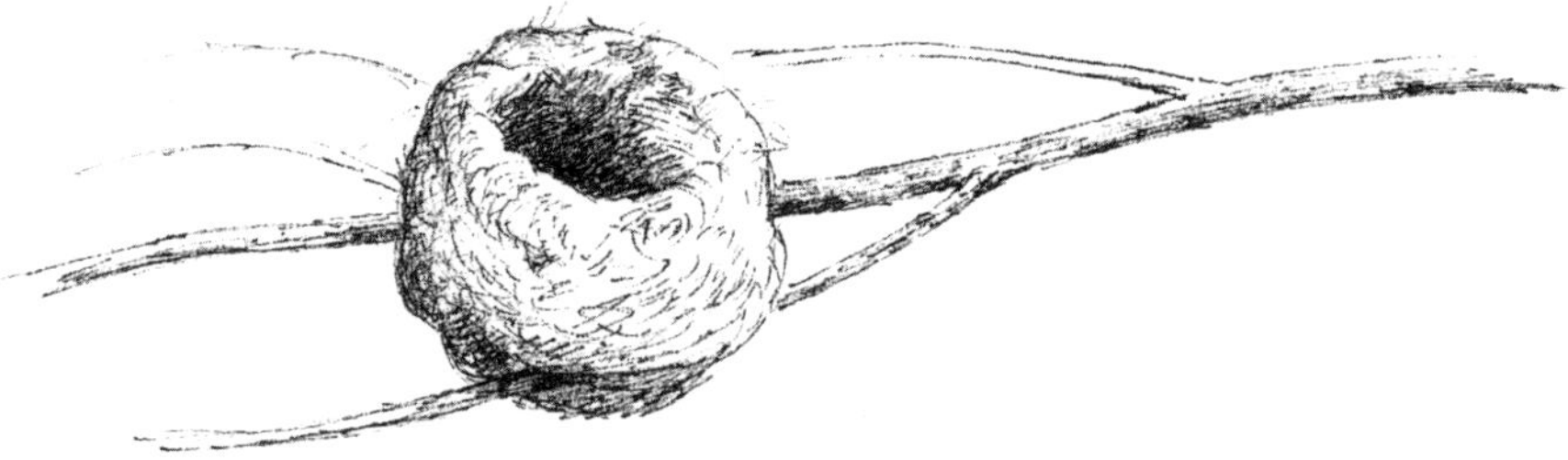

ユキハラエメラルドハチドリの巣（実物大）

南米に住むルリイカルの、ヘビのぬけがらを使った巣の写真など見ると近未来のＳＦ世界のようで背筋がゾクッとする。本当はルリイカルはただヒモ状の物が欲しいだけで、多分その地方にヘビが多く、ぬけがらがたやすく手に入るからだろう。ヒヨドリがビニールひもなど使うのと同じだ。（我家のまわりにもヘビのぬけがらをたくさん置いておけば、ぬけがらを使った巣ができるかも……）

　で、そんな外国の巣も欲しくなるわけだが、日本に住む鳥の巣だってそう簡単に見つからないのに、知らない異国の地で鳥の巣を探すというのはそうたやすくできることではない。アフリカのハタオリドリのように庭先にブラブラ二、三百作るような鳥の巣はわけなく見つかるが、たとえば前述のルリイカルの巣のように、やぶの中でヘビのヌケガラの巣なんて、ほぼ百パーセント無理だろう。だいたい北アメリカのどこだかわからない山の中でそんな巣を見つけようなんて、インディー・ジョーンズだってやろうと思わないだろう。アメリカでさえそうなんだから、南米のジャングルとか、どこぞの砂漠やなんかに行ってたら、命がいくつあっても足りるわけはない。

　そんな訳で、外国に行きたいという気持ちはあってもなかなか行けないでいたが、巣を思う気持ちがオーラのように発散しているのか、どこからともなく外国の鳥の巣が集まってくるようになった。まったく知らない人が「タイで、ぶらさがった鳥の巣を見つけ持って帰ったんですけど、いりますか」

2つのへやを通路でつなぐムネアカオナガカマドドリの巣

と電話してきてくれたり、モーリシャス島でズグロウロコハタオリの巣をひろったのであげますとか、ことアフリカに関しては右に出る人のいない、サヴァンナ協会副会長の小倉寛太郎さん（山崎豊子さんの小説『沈まぬ太陽』の主人公のモデルの人）が、行くたびにおみやげで持ってきてくれたり、ハチドリを飼育している施設の人が巣をわけてくれたり、知人のそのまた知人が南米のセアカカマドドリの巣を二十年以上前に持ち帰り、ずっと押入れにおいてあるんだけどいりますかと言ってくれたり……。

本当にありがたやありがたや。神様仏様だ。

そんな訳で外国産の鳥の巣も増えているが、9000種にはまだまだ遠く及ばない。

ここでこの紙面を借りて一言。もし外国旅行して、なにかしら鳥の巣が手に入って、もしもそんなに必要なく、あげようか、なんて気持ちになったら、是非お知らせください。すぐに参上いたします、ハイ。

鳥の巣収集家とは

二〇〇〇年六月、世界中の9000種以上の鳥の巣を集めようじゃないかということで、世界各地からマニアがそれぞれの国の鳥の巣を持ち寄り、世界の鳥の巣を一堂に集めた『鳥の巣美術館』が建設された。さらに、世界鳥の巣連盟評議会（WBNO）が結成され、その初代会長を一番暇そうな日本の鈴木まもるに依頼しよう、という話が仮にあったとしよう。（本気にした人ごめんなさい。）

答えはNOである。

人間というのは、すぐ組織だの派閥《はばつ》だのお金だの名誉だの地位だのからませて群れたがるのだが、真の鳥の巣収集家、鳥の巣マニアというものは、そんな低レベルのことにかかずらあっている暇はないのだ。仮に暇があったとしたら山で巣を探している。やれ、こちらの組織のほうが古くからあって正統派なのだ、いや、こっちの派閥のほうが人数が多いからえらいのだ、とか、この巣は〇〇先生直々のハンコがおしてある由緒正しい巣だ、とかになってしまう。さらに、今度の金曜日は午後2時から鳥の巣会館の会議室で次期鳥の巣会会長選挙のための選挙対策委員会があります、とか、その後は銀座に行って票のとりまとめをお願いする各支部長への接待だのなんだのして、カ

ラオケでも行きましょうなんてことになってしまう。最後は赤提灯《あかちょうちん》に行って「あんなやつなんでい、次の次はおれが……」なんて酔っ払って愚痴《ぐち》を言ってひんしゅくを買うおじさんになっていくわけだ。

人間十人も集まると、すぐ金儲けの話になったり、おれらのほうがえらいとか、群れることで強くなったと思い込んで、その中にいることで安心してしまう。組織の一部に組みこまれること、自分を表面に出さないことで、自分の責任を回避して自分の安全を守っていくわけだ。自由を捨てて。

人間が空を飛ぶ鳥にあこがれるのは、何からも縛られず広い大空を飛べるその自由さゆえであろう。それゆえ、その自由の象徴の鳥が育つための巣が好きなんていう人は、そんな組織だの派閥だのといったしがらみや諸々なんぞ鼻から相手にしないし眼中にないのである。

鳥の巣収集家はいつも精神的に自由でなければいけないのである。ジョン・レノンも歌っている。「Free As A Bird」なのだ。

さいごに前述『釣魚大全』のアイザック・ウォルトンの言葉。
「人間そのものを掘り下げる心、自然の一部であることへの光栄と至福。」
これなのだ。

—あとがき—

南アフリカで見たシャカイハタオリの巣は、人間が作ったかやぶき屋根の家そっくりでした。これは、鳥が人の作った家を真似《まね》したのではないから、昔、洞窟《どうくつ》に住んでいた人間の方が、鳥の巣を見て真似をしたのはあきらかでです。これに限らず、槍や箸、織物や羽根飾り、飛行機、東京ドームに至るまで、人間は多くのことを鳥（自然）から教わってきた。

鳥の巣は壊れやすく、見つかりにくいということで、今まで人目に触れることが少なかったが、鳥の巣を知ることで、新たに人間の暮らしや造形物に鳥たちの叡智《えいち》が有史以前の段階で影響していることがわかるのではないだろうか。

日本鳥学会名誉会員・故小林桂助先生、アフリカ野生動物写真家・小倉寛太郎さん、鳥獣保護員・小海途銀次郎さん他多くの方に巣を提供していただきました。感謝感激しております。いつも乱文乱筆の原稿をワープロ打ちしてアドバイスしてくれる奥さんの竹下文子さん、本当にありがとうございます。今回も、岩崎書店の飯野寿雄さん、松岡由紀さんには、細かい所まで気を遣っていただきました。感謝しております。

この「あとがき」を書く少し前、遂に世界最高の鳥の巣コレクション、**Western Foundation of Vertebrate Zoology**（アメリカ・カリフォルニア）にたどり着きました。それはそれはすごい数と質の高さで、世界の広さと鳥の巣の奥の深さに狂喜乱舞《きょうきらんぶ》しました。残念ながら、もうスペースがなく、ここでは記載することができません。また新たな機会にと思っています。

鳥の巣を求める旅はまだまだ続きそうです。

◆著者紹介

鈴木まもる
一九五二年東京生まれ。

東京芸術大学中退。画家。

主な絵本に「鳥の巣の本」「世界の鳥の巣の本」「詩画集 鳥の巣のうた」（岩崎書店）、「鳥の巣みつけた」「鳥の巣研究ノート1、2」（あすなろ書房）、「ぼくの鳥の巣絵日記」（第37回講談社出版文化賞絵本賞受賞）「鳥の巣いろいろ」（偕成社）、「たくさんのふしぎ 鳥の巣」（福音館書店）、「バサラ山スケッチ通信」（小峰書店）など。

日本や外国の鳥たちの使い終わった古巣を多数収集し、各地で「鳥の巣展覧会と絵本原画展」を開催している。

伊豆半島、婆娑羅山在住。

ぼくの鳥の巣コレクション

発行日　二〇〇〇年九月十三日　第一刷発行
　　　　二〇〇六年六月十五日　第三刷発行
著者　鈴木まもる
発行者　岩崎弘明
発行所　株式会社岩崎書店
　　　　東京都文京区水道一ノ九ノ二　郵便番号一一二-〇〇〇五
　　　　電話　〇三-三八一二-九一三一〔営業〕〇三-三八一三-五五二六〔編集〕
　　　振替　〇〇一七〇-五-九六八二二
印刷所　精興社
製本所　小高製本

ISBN-4-265-94441-8　NDC720
Published by IWASAKI Publishing Co.,Ltd.Printed in Japan.
岩崎書店ホームページ http://www.iwasakishoten.co.jp
乱丁本・落丁本はおとりかえいたします。